DAS INTERNATIONALE
PROBLEMTURNIER
DES
DEUTSCHEN SCHACHBUNDES

NÜRNBERG 1883.

EINE AUSWAHL VON 118 DER SCHÖNSTEN PROBLEME, NEBST DEM URTEIL UND DEM KRITISCHEN BERICHT DER PREISRICHTER.

UNTER MITWIRKUNG VON

J. KOHTZ UND C. KOCKELKORN

HERAUSGEGEBEN VON

MAX KÜRSCHNER.

LEIPZIG,
VERLAG VON VEIT & COMP.
1884.

II. LEHRBÜCHER.

Das

ABC des Schachspiels.

Anleitung zur raschen Erlernung des edlen Spiels und Einführung in die Problemkomposition.

Von

J. Minckwitz,

Redakteur der Deutschen Schachzeitung.

Zweite, verbesserte und vermehrte Auflage.

Oktav. Preis geheftet 1 M. 60 Pf., gebunden 2 M.

Das Büchlein ist für Anfänger im Schachspiel bestimmt. Es ist klar und gedrängt abgefasst unter Vermeidung aller den Anfänger verwirrenden Weitläufigkeiten. Ausser den Grundregeln des Spieles enthält das Buch die Spieleröffnungen, **Endspiele** und **Musterpartien**, sowie eine Sammlung von Aufgaben, die durch lehrreiche Anmerkungen erläutert werden.

Das „A B C" bildet gewissermassen die Vorschule zu v. d. Lasa's Leitfaden und dem grossen Bilguer'schen Handbuche und hilft dem vielfach gefühlten Bedürfnisse nach einem gutem Elementarbuche in mustergültiger Weise ab.

Leitfaden für Schachspieler.

Verfasst von

von der Lasa.

Fünfte, vermehrte Auflage, besorgt von

Dr. Const. Schwede.

Gross Oktav. Preis geheftet 5 M., elegant gebunden 6 M.

Ausgezeichnet durch ebenso präzise Darstellung und klare Entwickelung der Spielergebnisse, wie durch stetige Rücksichtnahme auf die leitenden Grundsätze des praktischen Spiels, giebt der Leitfaden in leichtfasslicher Erläuterung des Wesentlichen eine gedrängte und allseitige Belehrung über die verschiedenen Teile der analytischen Schachtheorie. In diesem Sinne gewährt er nicht nur dem besseren Spieler einen schnellen Überblick über den neuesten Standpunkt der theoretischen Entwickelung, sondern auch dem angehenden Schachfreunde, wie dem reinen Praktiker eine leichte und bequeme Einführung in alle theoretischen Gebiete des Spiels. Zahlreiche Musterpartien anerkannter Meister, von ausführlichen, allgemein verständlich gehaltenen Anmerkungen begleitet, sind mit grossem Geschick in die theoretische Darstellung verwebt und tragen dazu bei, das Buch zu einer wahrhaft klassischen Bildungsschule für das edle Spiel zu gestalten. — Der Leitfaden des grossen Schachmeisters ist von diesem zugleich als eine Einführung oder Vorschule zu dem Bilguer'schen Handbuche gedacht und durchgeführt worden.

Bilguer u. A. sind es, von denen er spricht, deren Verdienste um das Schach er beleuchtet. Auf diese Erzählungen folgen 80 in den Jahren 1837—1843 von den genannten Meistern zu Berlin gespielte Partien, die reichlich mit Anmerkungen und in den Text gedruckten Diagrammen versehen sind. Als Anhang endlich hat *v. d. Lasa* die sämtlichen Spiele des Calabresen *Greco* beigefügt und eine Übersetzung des *Lucena*'schen Schachwerkes (1498) gegeben.

Paul Morphy.

Skizze aus der Schachwelt

von

Dr. Max Lange.

Zweite, gänzlich umgearbeitete Auflage, enthaltend 300 erläuterte Spiele.

Mit dem Bildnis von Paul Morphy. Oktav. Preis geheftet 5 M.

Diese zweite Auflage ist keine neue Auflage im gewöhnlichen Sinne des Wortes, sondern vielmehr ein neues Buch. Den eifrigen Bemühungen des Verfassers ist es gelungen, gegen 300 Partien des amerikanischen Schachmeisters zu vereinen, die er mit ausführlichen Anmerkungen, welche die Vorzüge und charakteristischen Eigentümlichkeiten im Spieltypus des Meisters behandeln, begleitet hat. Nicht allein der erfahrene Spieler wird sich an dieser Reihe glänzender Partien erfreuen, sondern auch der Anfänger wird sie mit stets neuem Vergnügen studieren und an der Hand der Anmerkungen des erfahrenen Verfassers darin eine reiche Quelle der Belehrung und erfrischenden Anregung finden. — *P. Morphy* hat mit den ersten Meistern diesseits und jenseits des Ozeans gekämpft, fast alle hervorragenden Namen der Schachwelt, *Anderssen, Paulsen, Harrwitz, Löwenthal* u. s. w., sind in dem Buche vertreten — kurzum das Buch ist eine der interessantesten Erscheinungen auf dem Gebiete der neueren Schachlitteratur.

Correspondenzpartien.

Gesammelt und erläutert von

L. Bledow.

Zweite, bedeutend vermehrte Auflage,

herausgegeben von

Max Lange.

Gross Oktav. Preis geheftet 3 M.

Korrespondenzpartien gewähren nicht nur für gegenseitige Abschätzung der Spielstärke verschiedener Schachkreise und Ortschaften eine interessante Unterlage, sondern bieten auch meist wegen des erhöhten Grades aufgewendeter Aufmerksamkeit und gründlicher Prüfung eine ergiebige Quelle für die Erweiterung des theoretischen Wissens überhaupt. Dies verleiht dieser ersten und einzigen Sammlung besonders wertvoller Korrespondenzspiele, welche von einem anerkannten Meister reichlich glossiert sind, besonderen Wert.

Pierer'sche Hofbuchdruckerei. Altenburg.

DAS INTERNATIONALE

PROBLEMTURNIER

NÜRNBERG 1883.

DAS INTERNATIONALE PROBLEMTURNIER DES DEUTSCHEN SCHACHBUNDES

NÜRNBERG 1883.

EINE AUSWAHL VON 118 DER SCHÖNSTEN PROBLEME, NEBST DEM URTEIL UND DEM KRITISCHEN BERICHT DER PREISRICHTER.

UNTER MITWIRKUNG VON

J. KOHTZ UND **C. KOCKELKORN**

HERAUSGEGEBEN VON

MAX KÜRSCHNER.

LEIPZIG,
VERLAG VON VEIT & COMP.
1884.

Druck von Metzger & Wittig in Leipzig.

VORWORT.

Die Behandlung des vorliegenden Problemturnieres in einem eigenen Werkchen wurde uns schon durch die Fülle des gebotenen Stoffes nahe gelegt und bedarf zu ihrer Rechtfertigung nur weniger Worte. Zur Veröffentlichung des Berichtes, welchen wir über die Leitung des Turnieres vorzulegen hatten, wäre zunächst die Deutsche Schachzeitung geeignet und berufen gewesen; doch schienen uns dagegen einige Gründe zu sprechen. Nicht nur hätten wir eine Reihe von Nummern in Anspruch nehmen müssen, sondern es wäre für die Leser namentlich das mühsame und doch unvermeidliche Nachsuchen der Probleme und der Lösungen als mißlicher Umstand hinzugetreten. Hier findet sich nun alles handlich beisammen, das Problemmaterial übersichtlich geordnet, die Lösungen möglichst vollständig zusammengestellt. Wenn sich freilich gleichzeitig die Vorlage unseres Berichtes beträchtlich verzögern mußte, so konnten wir uns hingegen eine um so größere — und, wie wir glauben, den Problemfreunden erwünschte — Ausführlichkeit gestatten.

Noch mehr bestimmte uns aber ein weiterer Grund, diese Art der Publizierung zu wählen. Gar manchmal, wenn wir uns entschließen mußten, ein treffliches Stück aus dem Bereich der Prämiierung zurückzuziehen, trösteten wir uns mit der Absicht, seine Vorzüge wenigstens im Berichte entsprechend zu beleuchten. Ja, im Berichte! Wer liest ihn aber? Deutsche, fast ausschließlich nur Deutsche. Und die Probleme? Sie sieht jeder Problemfreund der ganzen Welt, aber nur die prämiierten und belobten, denn alle Schachorgane drucken sie ab. Den übrigen gönnt man vielleicht da oder dort einen flüchtigen Blick, dann werden sie unter dem Chaos der periodischen Schachpublikationen begraben und vergessen. Vor diesem Schicksal wollten wir eine so stattliche Reihe vorzüglicher Leistungen bewahren; denn sie sind uns alle lieb und wert geworden, da wir ihnen allen die gleiche Zeit und Sorgfalt gewidmet haben, und darum war es unser Wunsch, ihnen eine dauernde und eine ihrem Range gebührende Stellung in der Problemlitteratur zu sichern.

Von diesem Gesichtspunkte aus möge das vorliegende Büchlein in erster Linie von allen darin beteiligten Autoren als nicht ungeeignete Erinnerungsgabe an das schöne Nürnberger Turnier betrachtet werden! Sollte es uns aber weiterhin gelungen sein, dem einen oder andern Problemfreunde diese reichhaltige und interessante Sammlung als Quelle anregender und lohnender Untersuchungen zu erschließen, so würden wir uns für unsere Mühewaltung doppelt belohnt fühlen.

Endlich sei es dem Herausgeber gestattet, an dieser Stelle den Herren J. Kohtz und C. Kockelkorn für ihre umfassende Mitwirkung den schuldigen Dank auszusprechen. Dem in der Schachlitteratur heimischen Teile des Publikums werden ohnehin gar viele Stellen ihre unmittelbare Provenienz nicht verleugnen können; aber selbst da, wo der Herausgeber aus eigenen Mitteln jene Mitwirkung ergänzte, fühlt er sich zu dem dankbaren Anerkenntnis verpflichtet, daß seine Ausführungen das Resultat der Einwirkung bilden, welche die eminente Fachbeherrschung der genannten Meister im Verlauf unserer Beratungen nicht verfehlen konnte auszuüben.

Nürnberg, im Oktober 1884.

Max Kürschner.

INHALT.

Das Programm.

Das Arrangement eines Problemturniers bietet heutzutage mancherlei Schwierigkeiten, unter denen es die geringste ist, die erforderlichen Geldmittel zusammenzubringen. Zwar hat sich bisher noch kein Rothschild und kein Kolisch gefunden, welcher zu den Preisen für die Problemkomponisten beisteuerte, und kein indischer Rajah schüttet seine Geldspenden für ein Problemturnier aus, aber die deutschen Schachfreunde sind doch opferwillig genug, um auch der Poesie des Schachspiels ihre Steuer nicht zu versagen, und so haben die Problemturniere des Deutschen Schachbundes eine Steigerung der Preise erfahren, welche diesmal berechtigte, das Programm mit der Überschrift „Internationales Problemturnier" zu versehen. Für ein solches Programm ist aber die Höhe der Preise, wenn auch nicht unwichtig, so doch von untergeordnetem Werte im Vergleich mit seinem übrigen Inhalt; die große Zahl der alljährlich angekündigten Preisausschreibungen gestattet den Komponisten, wählerisch zu sein, und sie thun recht, indem sie im Programme etwas mehr suchen, als die Anzahl und Höhe ausgesetzter Preise.

Vor 25 Jahren, als die Problemturniere eben ins Leben getreten waren, lag die Sache freilich anders; damals waren sie Ereignis für die Schachwelt, und das Programm enthielt kaum etwas mehr, als die Höhe und Anzahl der Preise, sowie die Adresse und den Schlußtermin für die Einsendung. Wer die Preisrichter sein würden, blieb ebenso verborgen, wie die Grundsätze, nach welchen das Urteil gesprochen werden sollte; die Programme, soweit die deutschen Schachorgane sie bekannt machten, trugen im besten Falle die Unterschrift: „Das Komitee", und dies geheimnisvolle, namenlose Komitee galt als Adresse für die Einsendung, als Preisrichter und als Berichterstatter. Die Berichte sagten auch nur wenig oder gar nichts, aber die prämiierten Probleme und auch die leer ausgegangenen Bewerbungen gingen durch alle Zeitungen und Schachspalten, jeder Problemfreund sah in denselben ein Ereignis von schachwelterschütternder Bedeutung, und noch jahrelang wußte er jedes Preisproblem und seine Lösung in allen Varianten auswendig. Die Preisprobleme des Era-Turniers von 1857, des Amerikanischen von 1857, des Bristol-Turniers von 1861 und des Londoner von 1862 genossen eine Popularität, wie dies später wohl nie wieder der Fall gewesen ist, und speziell „wir“ (Kohtz und Kockelkorn) hätten noch vor zehn Jahren die meisten derselben ohne Ansicht des Brettes diktieren können, und ihre Lösungen waren uns so geläufig, wie eine Schillersche Ballade.

Dieses naive Verhältnis erlitt durch das Palamède-Turnier 1865 einen argen Stoß. Das gläubige Hinnehmen des preisrichterlichen Urteiles als einer unfehlbaren Verkündigung mußte angesichts der dreisten Gewaltthätigkeiten, welche eine von falschem Nationalgefühl mißleitete Jury verübte, dem schärfsten Mißtrauen weichen, und die Folge davon war, daß schon im nächsten Jahre das Komitee des Londoner Problemturniers etwas mehr Inhalt in sein Programm brachte. Die Namen der Preisrichter blieben zwar auch hier ein Geheimnis, man erfuhr nur, daß es ihrer „acht“ (!) seien; aber es zeigte sich schon so etwas, wie „Prinzipien“ für die Beurteilung in dem Programme. Diese Prinzipien, wahrscheinlich eine Erfindung Löwenthals, des verdienstvollen Schöpfers der Problemturniere, haben sich bis in die neueste Zeit erhalten und wurden namentlich in Amerika sehr sorgfältig detailliert und zugespitzt; gleichwohl sehen wir dieselben als wertlos an, nur geeignet, scheinbar eine korrekte Beurtheilung zu gewährleisten, dagegen in Wirklichkeit der Willkür einen ebenso weiten Spielraum offen lassend, wie die vollständige Prinziplosigkeit.

Wir meinen die „Punktiermethode“. Es solle ein vollendetes Problem — so argumentierte Löwenthal — eine Anzahl von Punkten (points) erhalten — sagen wir z. B. zehn — und jedes konkurrierende Problem mit derjenigen Ziffer versehen werden, welche seinem relativen Wert mit Bezug auf jenes Ideal entspricht; die Summe der sämtlichen Punkte, mit welchen die einzelnen Stücke jeder Sendung versehen sind, repräsentiert dann ihren Gesamtwert und die am höchsten punktierte Sendung erhalte den I. Preis, die folgende den II. etc. etc. Die Methode wäre gewiß brauchbar, wenn man die Ziffern, auf welchen sie basiert, mit Sicherheit ermitteln könnte; aber schon das Resultat des ersten derartig dekorierten Turnieres, des Londoner 1867, zeigte, daß mit derselben gar nichts gewonnen ist. Denn abermals wurden Stimmen laut, welche die Richtigkeit des Löwenthalschen Urteils (wer die anderen sieben Richter waren, haben wir nicht erfahren können) anfochten; Probleme, welche derselbe achtfach punktiert hatte, wurden von der Kritik auf vier oder fünf Points abgradiert, andere aus der Niedrigkeit weniger Punkte zu vielsterniger Bedeutung emporgehoben — kurz, die einmal durch das Palamède-Turnier wachgerufene Kritik ließ sichs nicht nehmen, auch hier ihre Rechte geltend zu machen, der Autoritätenglaube war und blieb einmal erschüttert und die Punktiermethode erwies sich als machtlos gegenüber einer kunstsinnigen Kritik. Noch weniger konnte sie das wachsende Mißtrauen der Komponisten gegen die Befähigung der Preisrichter zurückhalten, und manche der bedeutendsten Komponisten, wie Klett, Willmers u. A., sind seit jener Zeit nicht mehr bei einem Turniere beteiligt gewesen.

Welch schwierige Aufgabe stellten sich aber auch die Preisrichter zu jener Zeit, freilich ohne sich dessen bewußt zu sein!

Die Programme verlangten Sendungen, gewöhnlich sechs Probleme in minimo, und zwar in drei bis fünf Zügen, je nach dem Belieben des Autors. Wie oft standen die Preisrichter da vor der Aufgabe, Probleme verschiedener Zügezahl gegen einander wägen zu müssen; schwierig schon, wenn ein Vierzüger mit einem Drei- oder Fünfzüger zu vergleichen war, aber das Maß schachlichen Könnens weit hinter sich lassend, wenn es galt, zwischen dem zierlichen, schelmischen Dreizüger und dem wuchtigen Pathos eines vielverästeten Fünfzügers zu entscheiden. Wer anders konnte in solchen Fällen das letzte Wort sprechen, wenn nicht der Geschmack, und was ist wohl für die Kritik in so hohem Grade notwendig, als ein wohlausgebildeter Sinn für Feinheit und Schönheit, sowie eine umfassende Kenntnis der Problemlitteratur? Selbst wenn Herr Löwenthal diese Eigenschaften in ausreichendem Maße besessen hätte, so wäre es ihm dennoch nicht gelungen, jene selbstgeschaffene Schwierigkeit zu überwinden; er war aber einsichtig genug, den größten Teil derselben in dem letzten der von ihm ausgegangenen Turniere zu beseitigen.

Dieses Turnier (London 1874) war wohl das erste, in welchem die Zügezahl der Probleme, wenigstens zum Teil, scharf präzisiert erschien. Die freigegebene Wahl in der Zügezahl zweier unter den fünf verlangten Stücken war aber schon dadurch eingeschränkt worden, daß keiner der ausgesetzten Einzelnpreise für Fünfzüger bestimmt war; natürlich sandte ein Teil der Konkurrenten dergleichen gar nicht ein, sondern wählte zwei Vierzüger, da es im Programm freigelassen war, ob die geforderten zwei Drei- und ein Zweizüger in der Begleitung von Vier- oder Fünfzügern zu erscheinen hätten. Auch die ausgesetzten Preise für den besten Zwei-, Drei- resp. Vierzüger bedeuten einen weiteren Fortschritt des Turnierprogrammes, denn früher wurde dem einzelnen Probleme entweder gar keine Geltung eingeräumt, oder doch höchstens nur die „Perle des Turniers“ mit einem Preise bedacht. Der Vorteil war ein zweifacher: die Preisrichter erfuhren durch die ausschließliche Vergleichung gleichzügiger Aufgaben eine wesentliche Erleichterung ihres schwierigen Amtes, und die Konkurrenten gewannen dadurch eine größere Garantie für die allgemeine Anerkennung des abzugebenden Richterspruches. Von jenem Zeitpunkt an ist uns kein Turnier erinnerlich, dessen Programm nicht in Betreff der Zügezahl ebenso genaue Vorschriften enthalten hätte, als über die Stückzahl der einzusendenden Probleme.

In anderer Beziehung aber änderte Löwenthal seinen Standpunkt nicht, und besonders die Namen der Preisrichter bei den Turnieren der British Chess Association haben wir nirgends verzeichnet gefunden. Wahrscheinlich ist es Löwenthal ganz allein gewesen, der damals die Sache machte, und mit seinen sechs oder gar acht Richtern war es eitel Flunkerei. Auch dieses Verhältnis konnte auf die Dauer nicht bestehen bleiben, und die späteren Turnierausschreibungen, groß an Zahl, aber meist untergeordnet an Bedeutung, haben fast ohne Ausnahme der allgemeinen Forderung nach Kenntnis der Namen der Preisrichter Rechnung getragen.

Noch schlimmer war der Umstand, daß Löwenthal auch der Empfänger der Turniersendungen war. Als Redakteur einer sehr angesehenen Schachspalte kannte er natürlich die Handschrift aller Komponisten, welche dieselbe mit Beiträgen unterstützt hatten, und wenn er bei den Turnieren die Namen der Bewerber auch in der bekannten „sealed envelope“ erhielt, so war es ganz selbstverständlich, daß er alle irgendwie namhaften Autoren sofort beim Empfange ihres Briefes erkannte, selbst ehe er denselben geöffnet hatte. Hätte er etwa im Zweifel sein können über Poststempel wie Graz, Köln, München, Olmütz, Stuttgart, Tirnau, Wien etc., oder mußte er nicht ohne weiteres wissen, daß die Absender dieser Briefe Berger, Kohtz und Kockelkorn, Bayersdorfer, Bayer, Klett, Pongracz, Willmers etc. hießen? Konnte Löwenthal da noch unbefangen urteilen, wenn er es auch gewollt hätte? Je deutlicher man die sealed envelopes der Löwenthal'schen Turniere als eine lächerliche Komödie erkannte, desto größer war das allgemeine Bestreben, die von ihm betretene Bahn zu verlassen, und es ist dies auf mannigfache Art bei gleich gutem Erfolge erreicht worden.

Der schlimmste Punkt bei allen Turnieren aber war und blieb die Untersuchung der Probleme, und die Schwierigkeit dieser Aufgabe schreckt viele sonst hochbefähigte Problemkenner von der Übernahme eines Richteramtes zurück. Denn die Untersuchung eines Problems ist mit der Auffindung seiner Lösung noch lange nicht beendet; das Suchen nach Inkorrektheiten nimmt meistens eine viel größere Zeit in Anspruch, als jene, und die Gefahr, einen Fehler zu übersehen, wächst mit der Anzahl, sowie der Zügezahl der Konkurrenzprobleme ins Ungeheure. Man kam daher, namentlich in England und Amerika, auf den Gedanken, das gesamte problemliebende Schachpublikum mit der Untersuchung zu betrauen, und zu diesem Zwecke wurden bei vielen Turnieren die sämtlichen Konkurrenzprobleme in kleinen Wochen- oder Monats-Portionen durch einzelne Schachorgane veröffentlicht. Den Lösern wurde noch ein besonderer Reiz geboten, indem die besten und ausführlichsten Lösungen mit kleinen Prämien belohnt wurden, wobei der Nachweis von Nebenlösungen oder sonstigen Inkorrektheiten ganz besonders hoch zählte. So konnten die Richter in Ruhe zusehen, wie Aschenbrödel den erbsenlesenden Tauben, und erst wenn alles sortiert war:

„Die guten ins Töpfchen, die schlechten in Kröpfchen“

begann für sie eine kurze und verhältnismäßig mühelose Thätigkeit.

Dieser Modus hat mancherlei für sich, aber er beraubt das Turnier seines besten Reizes. Je größer die Zahl der Konkurrenzsendungen, desto längere Zeit dauert es, bis alle Probleme veröffentlicht sind; ein bis zwei Jahre liegen manchmal zwischen dem Schlußtermin der Einsendung und der Verkündigung des Richterspruches, und das Publikum vernimmt denselben schließlich mit dem Gleichmut des Gelangweilten, weil es sich sein Urteil schon längst gebildet hat. Auch die Publikation der Probleme ohne Autornamen, unter der bloßen Bezeichnung von Nummer und Motto mindert das Interesse in hohem Grade. Denn viele Problemfreunde lieben es, unter den Problemen, welche die Zeitungen ihnen darbieten, zu wählen; nicht jeder Komponist ist ihnen sympathisch: die Werke des einen suchen sie mit Vorliebe, die des andern legen sie unbeachtet beiseite. Die Beschäftigung mit solch namenlosen Problemen bringt häufig Enttäuschungen, und wer wiederholt das Mißgeschick erlebte, seine Zeit an geschmacklosen Kompositionen zu vergeuden, kommt leicht zu dem Entschlusse, solche namenlose Probleme zunächst gar nicht anzusehen, sondern das Urteil und die Verkündigung der Autornamen abzuwarten. Damit aber erscheint der Zweck einer solchen Publikation abgeschwächt oder ganz verfehlt, und thatsächlich sind bei diesem Modus einzelne Probleme zu Auszeichnungen gelangt, welche ihnen später wieder entzogen werden mußten: das Publikum hatte die Inkorrektheit derselben nicht gefunden, trotz der ausgesetzten Prämien.

Freilich sind es meist Zeitungen, welche die Turniere in dieser Weise arrangieren, und für diese gelten noch andere Gesichtspunkte, als die eben erwähnten. Denn die Redakteure wollen durch das Turnier Originalprobleme, für ihr Journal gewinnen, und es ist begreiflich, daß sie mit dem Materiale, welches die ausgesetzten Preise ihnen herbeilocken, nicht allzu verschwenderisch umgehen. Indem sie in jeder Nummer ihres Blattes einige Brocken ihres Vorrates an die Öffentlichkeit bringen, zehren sie, wenn es gut geht, bis zu zwei Jahren an dem Ertrage eines solchen Turnieres, und das ist für sie die Hauptsache. — Für eine große Schachgenossenschaft sind derartige Prinzipien natürlich nicht vorhanden.

Auch in anderer Beziehung haben die Turniere der Schachzeitungen, und besonders der wöchentlichen Schachspalten, ihren Einfluß ausgeübt. Denn die meisten Redakteure wenden, der Neigung eines oberflächlichen Publikums folgend, welches in der Problemkunst nur zu naschen liebt, dem Zweizüger ihre besondere Neigung zu; den Dreizüger gilt es ihnen schon mit Vorsicht zu genießen, und mit demselben ist für sie die Problemkunst zu Ende. Den Vierzüger halten sie für Medizin und nur in homöopathischen Dosen zu verabfolgen, vor dem Fünfzüger aber zeigen sie einen wahren horror vacui und niemals kommt ein solcher in ihre Zeitung. Die Turniere der wöchentlichen Schachspalten gelten daher fast ausschließlich dem Zwei- und Dreizüger; den Schachzeitungen, welche schon mit einem größeren Publikum zu rechnen haben und daher wagen dürfen, einen gelehrteren Inhalt zu bieten, ist auch der Vierzüger noch turniergerecht — freilich mit einiger Zurückhaltung. Damit ist es aber auch zu Ende, denn auch für sie — wir nehmen unsere Deutsche Schachzeitung aus — existiert der Fünfzüger nicht.

Wir sind der Meinung, daß diese Redakteure ihre Aufgabe nicht richtig erkannten, denn sie sollen das Publikum im Schach zu bilden suchen, nicht aber die in der großen Menge stets vorhandene Neigung für Oberflächlichkeit nachgiebig unterstützen. Der Zweizüger ist der Pflege nicht werth, die ihm durch die Turniere zu Teil wird; vor zwanzig Jahren war es wohl noch lohnend, denselben durch Preise zu kultivieren, heute aber wuchert derselbe fast nur noch als Unkraut. Es ist wohl begreiflich, wie dem lernenden Schachfreunde bei dem Studium derartiger Sachen der Sinn für echte Problemschönheit gar nicht geweckt wird; was eine schöne, ökonomisch durchgebildete Problemidee ist, bleibt dem Verehrer der Zweizüger größtenteils verborgen; aber ungereimtes Zeug, wie die Dual-Theorie, läßt sich prächtig dabei begreifen. Wer diese Worte übertrieben findet, der nehme irgend ein Zweizügerturnier der letzten Jahre zur Hand: der bloße Anblick der verholzten Stellungen, womöglich bei vollständiger weißer Offiziersparade, macht es klar, daß durch dergleichen ein guter Geschmack nicht gefördert wird. Und doch ist für manche Schachfreunde der moderne Zweizüger die einzige Problemnahrung.

Dürfen wir die besondere Pflege des Zweizügers von seite der Schachredaktionen einen Fehler nennen, so erscheint es geradezu als eine Versündigung, wenn die Schachgenossenschaften den gleichen Weg betreten, da sie es sind, welche in der Förderung echter Schachkunst als Vorbild dienen sollen. Es gereicht uns zur Genugthuung, daß in Deutschland nur zwei Turniere für Zweizüger abgehalten worden sind; das eine vor 17 Jahren, also zu einer Zeit, wo der Boden für diese Saat noch kraftbringend war, das andere vor zwei Jahren in dem unglücklichen Berliner Problemturnier unseres Schachbundes, auf welches wir später noch zurückkommen müssen.

Die Korrektheit der Probleme ist ein so wichtiger, die Preisverteilung so wesentlich beeinflussender Faktor, daß es gerechtfertigt erscheint, nochmals auf diese Frage zurückzugreifen, zumal eine richtige Behandlung derselben noch nicht erreicht worden ist, und unser Versuch, in diesem Turniere eine bessere Lösung zu erzielen, noch keineswegs als vollkommen gelungen bezeichnet werden darf. Löwenthal hielt daran fest, daß die Inkorrektheit eines Problemes den Ausschluß der ganzen Sendung zur Folge haben solle, eine Bestimmung, die sich in ihrer ganzen Härte offenbart, wenn die Anzahl der Probleme fest begrenzt ist. Wir haben nur nötig, auf das mehrfach erwähnte Londoner Turnier von 1874[1] zu verweisen, in welchem unter 49 Konkurrenzsendungen nicht weniger als 38 wegen wirklicher oder vermeintlicher Nebenlösungen von der Bewerbung ausgeschlossen wurden, und die letzten beiden der zehn Preise an Sendungen fielen, welche außer der Korrektheit keine einzige Tugend besaßen. Die Probleme müssen entsetzlich schlecht gewesen sein, denn Löwenthal schämte sich, dieselben als Preisprobleme bekannt zu machen, und wir wissen nur, daß er von denselben erklärte, sie seien nicht wert, gedruckt zu werden.

Welch jämmerliches Turnierresultat; welch trauriger Sieg für die Gewinner der Preise; welche Ungerechtigkeit gegen diejenigen, deren Sendungen um einer einzigen Inkorrektheit unter fünf Problemen zurück-

[1] Es ist sehr schwer, bei diesem Turnier eine Jahreszahl anzugeben, da die Ausschreibung zu Ende 1872, die Entscheidung zu Anfang 1875 erfolgte — eine Verschleppung, welche glücklicherweise sonst nicht ihres Gleichen kennt.

gewiesen waren! Denn die Gefahr, daß der Autor eine Inkorrektheit seines Problems übersehe, wächst mit dessen Werte; eine Matführung ordinären Schlages korrekt herzustellen, ist eine Kleinigkeit und im Handumdrehen geleistet, während ein tiefangelegtes Problem selbst durch die sorgfältigste Untersuchung eines Einzelnen nicht mit absoluter Sicherheit als ganz korrekt erwiesen wird. Es ist ein glücklicher Zufall, daß unter den prämiierten Sendungen des Londoner Turnieres doch noch mehrere von hohem Werte sich befinden, und wahrscheinlich wäre auch dies nicht der Fall gewesen, wenn jeder Konkurrent nach den Intentionen Löwenthals verfahren wäre. Denn Löwenthal erklärte jede Hilfe, die der Komponist sich zu Teil werden ließ, als unzulässig; schon im Jahre 1863 sprach er dies bei der Besprechung des I. Londoner Turniers aus, und 1866 erklärte er in dem Programme des II. Turniers ausdrücklich „joint compositions" für ausgeschlossen.[1] Nun ist es eine bekannte Thatsache, daß die meisten Komponisten gerade diejenigen Probleme, welche sie für eine Turnierbewerbung auserwählen, ihren problemkundigen Freunden zur Prüfung vorlegen, damit diese etwaige Nebenlösungen heraussuchen; dann wird verbessert und abermals zur Prüfung vorgelegt, und so lange dauert das Herumkochen und Verbessern, bis der helfende Freund keinen Fehler mehr finden kann. Womöglich sendet dieser Freund die Aufgaben noch an einen zweiten zur Prüfung, und so geht es fort, bis der Komponist genügende Garantien für die Korrektheit gewonnen hat.

Es ist klar, daß diese Hilfe das Autorrecht des Verfassers in keiner Weise verkürzt, und daß daher jene Löwenthal'sche Bestimmung, welche die joint compositions ausschließt, ganz und gar verwerflich ist; um so mehr ist es zu bedauern, daß dieselbe — wir erinnern an Brentano's Chess Monthly Problemturnier 1881 — noch heutzutage fast in jedem außerdeutschen Turnierprogramm Eingang findet. Es ist aber auch klar, daß die Korrektheit mit dem eigentlichen Werte der Komposition, ihrer Idee und Anlage gar nichts zu thun hat; ihre Bedeutung ist eine rein sekundäre, denn sie soll nur dazu dienen, dem Löser den unbedingten

[1] Daß dies nur eine Komödie war, bewies er dadurch, daß er im Jahre 1866 auf eine Anfrage von Kohtz und Kockelkorn, betreffend die Zulässigkeit einer Bewerbung ihrer gemeinschaftlichen Probleme, antwortete, daß dies unbedenklich geschehen könne, indessen bitte er, in der sealed envelope nur einen der beiden Autornamen anzugeben. Recht belustigend war es für die Besitzer dieses Briefes, als nach geschehener Preiszuerkennung die Schachzeitung ihre Probleme unter beiden Namen brachte, daß Löwenthal im Tone sittlicher Entrüstung druckte: Zu unserm größten Erstaunen erfahren wir, daß die Probleme das gemeinschaftliche Werk Zweier sind; der dieser Sendung zuerkannte Preis wird daher zurückgezogen.
J. K.

Genuß der schönen Idee zu verschaffen, welche der Autor darstellen wollte: sie ist nicht der Zweck des Problems, sondern nur Mittel zum Zweck. Leider ist sie als Mittel zum Zweck außerordentlich wichtig, weil das Problem zugleich die Beweisführung enthalten muß, daß die in ihm dargestellte schöne Kombination die beste und daher kürzeste Matführung herbeiführt.[1] Das ganze Wesen der Schachpartie beruht eben in der Aufgabe, in jeder Stellung derselben für jede Partei den besten Zug zu finden, und das Problem ist ja nichts anderes, als die hervorragend schöne Schlußkombination einer fingierten Partie. Gäbe es ein Mittel, welches dem Löser des Problems den Genuß der darin dargestellten Idee auf andere Weise sichern könnte, so wäre die Korrektheit ganz zu entbehren; leider ist dies nicht der Fall, und wir haben daher nötig, mit diesem Faktor nach wie vor zu rechnen. Aber dessen Einfluß möglichst zu mildern, ist die Aufgabe eines jeden Turnierprogramms, welches der Problemkunst gerecht werden will, und eine Herabwürdigung derselben zum Handwerk dünkt es uns, wenn ein Turnierprogramm Bestimmungen enthält, welche die Prämiierung eines geringwertigen Problems ermöglichen.

Das Programm, welches wir für dieses Turnier aufstellten, ist das Ergebnis der hier entwickelten Betrachtungen, und wir dürfen die überraschend große Beteiligung wohl als ein Zeichen nehmen, daß unsere Bemühungen, die erwähnten Fehler zu vermeiden, nicht ohne Erfolg geblieben sind. Wir lassen die Turnierbestimmungen nunmehr im Wortlaut folgen und knüpfen noch an einzelne Sätze derselben eine weitere Besprechung, unter besonderer Bezugnahme auf das vorhergehende Berliner Turnier und das Schallopp'sche Kongreßbuch von 1881.

Bestimmungen für das III. (internationale) Problemturnier des Deutschen Schachbundes.

§ 1. Das Turnier zerfällt in drei getrennte Abteilungen, und es ist den Bewerbern freigestellt, sich an einer oder mehreren derselben — jedoch nur mit je einem Problem — zu beteiligen.

---

[1] Es ist nach dieser Definition ohne weiteres ersichtlich, daß ein jedes Problem als inkorrekt bezeichnet werden muß, wenn es eine kürzeste Matführung gestattet, in welcher die vom Autor zu Grunde gelegte schöne Kombination (die Idee) nicht enthalten ist, und es ist dabei ganz gleichgültig, ob eine solche Umgehung des Ideenspieles mit dem ersten Zuge beginnt (sofortige, totale Nebenlösung) oder erst später (partielle Nebenlösung). Nur der Unkundige kann die Korrektheit vom ersten Zuge abhängig machen (vergl. Jean Dufresne: Sammlung leichter Schachaufgaben, Zweiter Teil, S. 5).

§ 2. Als Preise sind ausgesetzt:

1. Abteilung (Fünfzüger) 120 und 80 Mark.
2. Abteilung (Vierzüger) 90 und 60 Mark.
3. Abteilung (Dreizüger) 60 und 40 Mark.

Außerdem werden denjenigen Bewerbern, welche sich in allen drei Abteilungen zugleich beteiligen, für die zwei besten Sendungen (eines drei-, vier- und fünfzügigen Problems, gleichviel ob das eine oder andere schon in der betreffenden Abteilung prämiiert wurde) besondere Ehrenpreise in der Höhe von 100 und 50 Mark in Aussicht gestellt.

Anm. Zu sämtlichen Preisen, sowie bei eventuell zuerkannten ehrenvollen Erwähnungen, werden den Verfassern bezügliche Diplome ausgefertigt.

§ 3. Jedes Problem muß eine direkte, bedingungslose Matforderung enthalten und unveröffentlichtes Original sein.

§ 4. Die Probleme sind, jedes auf besonderem Diagramm notiert, unter Beifügung der vollständigen Lösung, eines Mottos, sowie der Namensunterschrift und genauen Adresse des Verfassers, an den Vorsitzenden des Deutschen Schachbundes für 1883

Herrn Adolf Roegner in Nürnberg

zu adressieren und müssen vor dem 1. Januar 1883 in dessen Besitz gelangt sein. Bis zu diesem Termine werden auch etwaige Änderungen, Korrekturen etc. berücksichtigt. (Bewerber um die Preise für die besten Vollsendungen haben alle drei Probleme mit gleichem Motto zu versehen.)

§ 5. Sämtliche Einsendungen werden mit dem 1. Januar 1883 Eigentum des Deutschen Schachbundes, und die Verfasser begeben sich ausdrücklich des Rechtes, über dieselben ohne Genehmigung der Preisrichter anderweitig zu verfügen.

§ 6. Die Preisrichter erhalten durch den Vorsitzenden lediglich Abschriften der Diagramme mit den Mottos; die Namen werden ihnen erst nach der endgültigen Entscheidung des Turniers mitgeteilt.

§ 7. Über allenfalls gefundene Mängel der Probleme werden die Preisrichter durch Vermittelung des Vorsitzenden den Verfassern brieflich Mitteilung machen. Den letzteren steht es dann frei, das betr. Problem zurückzuziehen oder eine Korrektur resp. ein Ersatzproblem spätestens drei Wochen nach Empfang jener Nachricht an die in § 4 bezeichnete Adresse abzusenden. Im letzteren Fall ist für jedes Problem der Betrag von 5 Mark, beziehungsweise —

wenn es sich gleichzeitig um die Sendungspreise handelt — 10 Mark beizufügen. Diese Beträge sollen im Sinne des § 8 Verwendung finden.

§ 8. Die Preisrichter behalten sich das Recht vor, nach freiem Ermessen die in § 2 genannten Preise zu modifizieren, sofern die Qualität der eingesandten Probleme dies als zweckmäßig erscheinen läßt. Insbesondere bleibt eine Vermehrung oder Erhöhung der Preise vorbehalten.

§ 9. Die Entscheidung des Turniers erfolgt während des III. Kongresses des Deutschen Schachbundes zu Nürnberg, Ende Juli 1883, und wird sofort jedem Bewerber brieflich mitgeteilt werden. Desgleichen werden die Preisrichter ihren ausführlichen Bericht frühestens und in geeigneter Weise veröffentlichen.

Die Zerlegung des Turniers in drei Abteilungen entspricht naturgemäß den ausgesetzten Einzelpreisen für Drei-, Vier- und Fünfzüger, und es hätte des Resultates des Berliner Turniers nicht bedurft, um uns zu dieser Trennung zu veranlassen. Denn die Bestimmung des letzteren, welches Sendungen verlangte und nur Einzelpreise verhieß, ist unlogisch; Sendungen müssen Sendungspreise erhalten, und bei Einzelpreisen dürfen auch nur einzelne Probleme gefordert werden. Geradezu widersinnig aber war es, daß in dem Berliner Turnier die nachträgliche Bestimmung eingefügt wurde, daß „nur solche Aufgaben preisfähig sind, welche einer durchgehends korrekten Sendung angehören". Was hatte der Dreizüger mit dem Vierzüger zu thun, wenn es Preise für Dreizüger und Preise für Vierzüger gab; was schadete es einem ausgezeichneten Dreizüger, wenn sein vierspänniger Kollege einen zerrissenen Rock trug?

Die Preisrichter ging dergleichen gar nichts an, denn für sie waren die Probleme in drei ganz getrennten Räumen ausgestellt; wenn sie die Preiskandidaten unter den Dreizügern wählen wollten, so gingen sie eben in das Zimmer, wo die Dreizüger lagen und nichts anderes zu sehen war, als nur Dreizüger. Mit welchem Rechte durften sie z. B. den Dreizüger von Braune (Motto: „Krieg im Frieden") aus dem Hause weisen? „Die beste dreizügige Aufgabe erhält einen Preis von 100 Mark" sagt das Programm, und demnach musste Braune diesen Preis erhalten, denn sein Dreizüger war der beste unter allen eingesandten; er war um kein Haarbreit schlechter geworden, weil sein vierzügiger Bruder, der im Nebenzimmer saß, an Herz und Nieren krank befunden worden; es ist dies um so weniger zu begreifen, als umgekehrt das Komitee den Vierzüger Ehrensteins preisgekrönt hat, wiewol dessen dreizügiger Kollege an doppelter Umgehung des Hauptspieles, also an einer zwiefachen Nebenlösung leidet.

Bei Problemturnieren mit Einzelpreisen wirkt keine Krankheit ansteckend, da stirbt jedes kranke Problem für sich allein, und wer mit den Gestorbenen die ganze Familie begräbt, begeht einen Problemmord. Erschwerend für diese Sünde tritt bei dem Berliner Turnier noch hinzu, daß in manchen Fällen die Komponisten ganz unbekannt geblieben waren mit der Gefahr, in welche ihre Geisteskinder sich begeben hatten, denn in dem ursprünglichen Programm war von derselben keine Rede, und wir wissen genau, daß jene nachträgliche mörderische (nicht „schreckliche", das ist viel zu gelind) Bestimmung nicht allen Konkurrenten bekannt geworden ist.

Warum wir dieser Angelegenheit so viele Worte widmen, da wir doch über das Nürnberger, und nicht über das Berliner Turnier zu berichten haben? Man beliebe das Schallopp'sche Kongreßbuch 1881 nachzulesen. Da steht auf Seite 63 geschrieben, daß keinerlei Einwendungen gegen die Entscheidung der Preisrichter, bezw. des Komitees bekannt geworden sind, und auf Seite 219 wird gesagt, daß allerdings späterhin und gelegentlich die Kunde von einigen Angriffen zu Herrn Schallopp gedrungen sei, die zwar etwas bitter, aber ganz und gar unbegründet gewesen wären. Zum Schluß wird noch von der Souveränität des Komitees und der Preisrichter erzählt, welche Alles in schönster Einmütigkeit beraten und beschlossen hätten, und das Turnier über alle Anfechtungen erhaben hingestellt.

Nun will es der Zufall, daß gerade wir, die jetzigen Preisrichter, es sind, welche die Berliner Turnierentscheidung angegriffen hatten, Kohtz und Kockelkorn in ihrer Schachspalte des „Berliner Sonntagsblatt", Kürschner in seiner Schachrubrik „Haus und Welt". Die Artikel des letzteren hat Herr Schallopp augenscheinlich gar nicht kennen gelernt, und den der ersteren nur „ganz gelegentlich" und „zufällig"! Er hätte dieselben von zwei Mitgliedern der Jury, den Herren Dufresne und Alexi noch vor dem Definitiv-Termine des Turniers (14. Dez.) erhalten können, denn diesen Herren waren sie direkt zugesandt worden, dem ersteren die Nürnberger, dem letzteren der Berliner Artikel. Dem sei, wie ihm wolle, die Sache ist von Herrn Schallopp ins Berliner Kongreßbuch getragen worden, und es ist daher in der Ordnung, wenn wir sie im Nürnberger weiterführen: Wort gegen Wort, Kongreßbuch gegen Kongreßbuch!

Die Angelegenheit bildet auch nicht den Gegenstand persönlichen Streites. Sie betrifft wichtige Problemturnierangelegenheiten, deren Klarlegung für die Veranstaltung späterer Turniere von Nutzen ist; nach Herrn Schallopps Ansicht ist beim Berliner Turnier Alles schön und gut gewesen, nach der unsrigen nicht Weniges sehr schlecht;[1] nach Herrn Schallopps Ansicht dürfte ein späteres Turnier in gleicher Weise gehandhabt werden, nach der unsrigen beileibe nicht!

Wir hatten also Einzelpreise ausgesetzt und Einzelsendungen gefordert, jeder Komponist konnte nach seiner Neigung in einer, zwei oder drei Abteilungen konkurriren und dem Einzelprobleme war die Gelegenheit geboten, zu voller unbeschränkter Geltung zu gelangen. Was in den Löwenthal'schen Turnieren als sekundäres Dekorationselement erschien, hatten wir zur Hauptsache erhoben; warum nicht auch umgekehrt nebenbei Ehrenpreise aussetzen für ganze Sendungen, welche bei Löwenthal die Hauptsache gebildet hatten? Vielleicht hätten wir besser gethan, es bei einem solchen Preise bewenden zu lassen, um die Auszeichnung zu isoliren und in ihrem Glanze zu erhöhen; so wie die Sache liegt, waren wir genötigt, einen Schritt weiter zu gehen und die Sendungen fast in gleicher Weise zu behandeln, wie die Einzelprobleme. Wir werden darauf noch ausführlicher zu sprechen kommen.

Die Formalitäten für die Einsendung sind nicht neu; sie wurden schon vor acht Jahren von Kohtz und Kockelkorn für das letzte Problemturnier des verblichenen Westdeutschen Schachbundes in dieser Weise festgestellt. Aber aus ganz anderem Grunde als der, welcher die Berliner Richter dazu bestimmte, denn diese fürchteten anonyme Einsendungen, welche bei den „sealed envelopes“ vorkommen können und wirklich auch einmal vorgekommen sind. Solche Bedenken sind uns nicht in den Sinn gekommen. Wir bedurften auf jeden Fall eines Vertrauensmannes, der die Sendungen in Empfang nahm und uns mit Abschriften der Probleme versorgte; derselbe mußte ein rühriger und problemkundiger Mann sein, denn in vielen Fällen brauchen die Richter Abschriften der

[1] Dieser Gegensatz der Ansichten bezieht sich u. a. auch auf die Behandlung des Turniers, nachdem der Beschluß gefaßt worden war, die Preise für Zweizüger nicht an solche zu verteilen. Denn nach unserer Ansicht mußten die Zweizüger von diesem Augenblicke an samt und sonders als gar nicht vorhanden angesehen werden, und aller Einfluß, den man ihnen bis dahin eingeräumt hatte, mußte aufhören; mit anderen Worten: die Sendungen bestanden fortan nur noch aus zwei Problemen in drei resp. vier Zügen. Es hätten daher alle diejenigen Sendungen, welche bis dahin wegen einer Inkorrektheit ihres Zweizügers von der Prämiierung ausgeschlossen worden waren, in diesem Augenblicke wieder in die Konkurrenz eintreten müssen, und die Folge wäre gewesen, daß der treffliche Vierzüger von Chocholous zum mindesten die schwache Konkurrenz des Pradignat'schen geschlagen hätte.

Autorlösungen, um diese mit den ihrigen zu vergleichen, und wenn wir ein Problem in irgend einer Variante für unlösbar hielten, mußte der Vertrauensmann diese Vermutung bestätigen oder die Lücke in unserer Prüfung nachweisen können. Dazu ist nicht Jeder geeignet und mancher, selbst bedeutende Spieler würde solchen Fällen rat- und hilflos gegenüberstehen. Durch den Kongreßvorsitzenden, Herrn Roegner, wurde diese Aufgabe auf das beste gelöst.

Da nun die sealed envelopes gar nichts beweisen gegenüber der Verräterei des Poststempels und der Handschrift, so waren die Bewerber und auch wir ganz auf die Diskretion des Vertrauensmannes angewiesen; wir warfen daher das Versteckspiel mit den sealed envelopes völlig beiseite und forderten Vertrauen, offenes und ehrliches Vertrauen. Ganz geheim konnten uns die Autornamen doch nicht bleiben, denn ein Problem von Bayer, Berger und Klett finden wir ziemlich sicher unter Hunderten heraus, ob der Verfasser sich auch hinter der dicksten envelope verborgen hielte, und auch manchen andern erkennen wir wenigstens mit Wahrscheinlichkeit.

Gewagt ist die Behandlung, welche wir den fehlerhaft befundenen Problemen in Aussicht stellten: sie entspricht unserem Bemühen, den Einfluß der Inkorrektheit möglichst abzuschwächen. Nach den auf Seite 7 ff. gegebenen Entwickelungen haben wir nur wenig zur Motivierung hinzuzufügen; am liebsten hätten wir lauter korrekte Probleme zur Beurteilung vor uns gesehen, so daß die Feinheit und Schönheit ganz allein über die Preise bestimmt hätte. Soviel glauben wir mit Sicherheit behaupten zu dürfen: wenn es erlaubt ist, daß die Komponisten sich bei der Untersuchung ihrer Probleme helfen lassen von Freunden, die dies aus Gefälligkeit thun, so ist es auch gestattet, daß sie sich helfen lassen von Fremden gegen Bezahlung, und die Preisrichter müssen die Beruhigung haben, daß ihre freiwillig vermehrte Arbeit nicht ohne materiellen Erfolg gewesen sei. Wir haben der Turnierkasse auf diese Weise 145 Mark eingebracht, und es wäre noch mehr geworden, wenn nicht viele Bewerber es vorgezogen hätten, von dem ihnen zurückgegebenen Rechte der freien Verfügung Gebrauch zu machen — einer hat sich dabei einen Preis entgehen lassen.

Unser § 7 bildet den ersten positiven Versuch, dem nur zu oft fühlbar gewordenen Übelstande entgegenzuarbeiten, daß ein ausgezeichnetes Problem infolge eines vielleicht leicht zu beseitigenden Fehlers der wohlverdienten Ehren verlustig gehe, und es ist gewiß eher die Aufgabe eines Problemturniers, möglichst viele treffliche Probleme zur Geltung zu bringen, als unter wenigen, wenn nur korrekten, eine notgedrungene Preisauswahl zu treffen.

Daß dieser Versuch, schon weil er neu ist, vielseitiger Kritisierung begegnen würde, darüber hegten wir von vornherein keinen Zweifel. Von einem vielgereisten Schachfreunde, der die Gelegenheit hatte, die Ansicht mehrerer Problemfreunde kennen zu lernen, erfuhren wir z. B., daß unser § 7 nur wenig Beifall gefunden habe; leider haben wir die Gründe für diese ablehnende Kritik nicht kennen gelernt. Wenn dieselben nicht stärker sind, als die Motivierung, welche uns einst für die Forderung eines Einsatzes bei den Problemturnieren vorgehalten wurde, so wären sie nicht ernst zu nehmen. „Wenn bei den Spielturnieren ein Einsatz gefordert werde," wurde uns gesagt, „so sei dies auch bei den Problemturnieren in Ordnung; die Komponisten brauchten nicht alles umsonst zu haben, so wären schon bevorzugt genug, da sie keine Reisekosten aufzuwenden hätten." Nach unserer Ansicht gestatten die Problemturniere keine Parallele mit den Spielturnieren. Die Preise für die Spielturniere sind in der Regel zehnmal so hoch, als die in den Problemturnieren; mit andern Worten: bei jenen gehts hauptsächlich um's Geld, bei diesen hauptsächlich um die Ehre. Wer dies nicht zugeben will, versuche einmal die Probe, indem er für beide gar keine Geldpreise, sondern nur schöne, künstlerisch ausgeführte Diplome in prachtvollem Rahmen als Prämien aussetzt. Wie viele werden kommen zum Meisterturnier? Und zum Problemturnier kommen sie alle von nahe und fern; wir sind unserer Sache so gewiß, daß wir keinen Augenblick Bedenken trügen, das Richteramt zu übernehmen. Die sogenannten Meisterturniere sind eben Sport, reiner Sport; die Problemturniere dagegen Ausstellungen von Kunstwerken — freilich einer niedriger stehenden Kunst, als die, welche wir unter dem Namen der schönen Künste begreifen, aber doch immer einer Kunst. Im Sport ist der Einsatz an der Tagesordnung, für Kunstausstellungen fordert man ihn nie!

Wir müssen unsere Abschweifung von dem vorliegenden Thema noch etwas weiter ausdehnen, um abermals auf das Berliner Turnier zurückzukommen, die dabei geübte Vorenthaltung der Namen und Probleme der Bewerber aufs schärfste zu verurteilen. Denn durch dieselbe wurde das Turnier seines Charakters einer Ausstellung vollständig entkleidet, und was übrig blieb, ist eine traurige Verstümmelung ohne künstlerischen oder kritischen Wert. Ganze sechs Probleme, darunter allerdings zwei von hervorragender Güte — das ist das Resultat eines Turniers, für welches 450 Mark verausgabt wurden! Herr Schallopp sagt in seinem Kongreßbuche, das

Komitee sei „souverän“ gewesen — war es wirklich souverän genug, um diese 450 Mark in einer solchen Weise zu verwenden? Ist es den Männern, welche zu den Preisen beisteuerten, keine Rechenschaft schuldig, oder glaubt es, daß sich dieselben alle des erzielten Resultates gefreut haben?

Was will man denn durch ein Turnier erreichen? In erster Linie will man die Schachkunst fördern, im vorliegenden Falle also die Problemkomponisten zur Entfaltung ihrer besten Kräfte anspornen; dann aber will man die ganze Schachwelt teilnehmen lassen an dem Genusse der so gewonnenen schönen Leistungen, und diesen letzteren Zweck hat jenes Turnier in keiner Weise erfüllt. Die Preisträger des Turniers protestierten gegen diese Schlußbestimmung des Komitees — nach unserer Ansicht mit voller Berechtigung — und siehe da, das Komitee zeigt sich aufgelöst; es existiert nicht mehr, und wo nichts ist, da nützt kein Protestieren.

Aber was hatte das Komitee denn überhaupt mit dem Problemturnier zu schaffen, fragen wir. Wozu wird eine Turnier-Jury ernannt, wenn diese nicht auch die Aufgabe übernimmt, die ganze Angelegenheit durch alle Fährnisse und Schwierigkeiten mit sicherer Hand zum guten Ende zu führen? Das Kongreßbuch berichtet uns, daß die Jury in allen möglichen Fragen die Genehmigung des Komitees nachsuchte, dies thun zu dürfen, und das thun zu dürfen. Freilich, wenn die eigens für das Problemturnier erwählten Fachmänner nicht Bescheid wußten, so darf es nicht Wunder nehmen, daß das Gesamtkomitee erst recht nicht Bescheid wußte; erklärt wären die begangenen Mißgriffe damit vollständig.

Gerechtfertigt aber nicht! Und die Presse hatte nicht nur das Recht, sondern auch die Pflicht, diese Mißgriffe klarzulegen, und als Vertreter der Schachpresse erklären wir an dieser Stelle, daß es uns mit Genugthuung erfüllt, dieser Pflicht genügt zu haben. Daß dies den von uns getadelten Herren nicht gefallen hat, liegt auf der Hand: sie haben es gut machen wollen, sind fleißig gewesen und ernten zum Schlusse Tadel anstatt des erwarteten Lobes. Das ist nicht angenehm. Indem wir uns in eine gleich angriffsfreie Stellung begaben, zeigen wir, daß es uns nicht darum zu thun ist, zu tadeln; wir machen den Versuch, es besser zu machen, und geben auch uns der Kritik vollständig preis. Wir wollen auch keine Anerkennung für den aufgewendeten Fleiß, wie Herr Schallopp sie für die Berliner Jury in Anspruch nimmt, obgleich unsere Arbeit wohl die zehnfache gewesen ist: es geht uns um die Leistung. Und da freut es uns ganz außerordentlich, daß wir ein ganzes Buch bieten können, wo das Berliner mit ein paar Seiten abgemacht ist: eine schöne reichhaltige Ausstellung, wie sie bisher von keinem Turniere erreicht wurde, selbst nicht von dem Londoner 1866.

Wir kommen nun wieder auf die uns bekannt gewordenen Bedenken gegen § 7 zurück. Chess Players Chronicle hatte im November 1882, also kurz vor dem Schlußtermin der Einsendung, einige solche Bedenken gegen den von uns eingeschlagenen Modus geäußert, die wir für gefährlich hielten, weil sie in so später Stunde kamen. Das Programm ist schon im Juli 1882 in aller Welt Händen gewesen, und wer etwas dagegen einzuwenden hatte, mochte wohl schon im August damit an's Tageslicht kommen. Wir hätten dann den Versuch gemacht, die Bedenken zu widerlegen, Ende November aber war es nicht der Mühe wert; unsere Antwort wäre erst im Januar gedruckt worden und hätte dann ihre Wirkung verfehlt. Denn für uns kam es darauf an, die durch jenen Artikel etwa kopfscheu gewordenen Komponisten zur Beteiligung zu bekehren; die bloße Widerlegung der Chronicle-Artikel hatte keine Eile und kann auch jetzt noch erledigt werden. Aber das müssen wir dem unbekannten Herrn Verfasser doch sagen: daß er seine Bedenken so spät äußerte, war nicht schön von ihm, er hat vielleicht diesen oder jenen englischen Komponisten an der Konkurrenz gehindert, und wir wollten doch gerne eine recht große Beteiligung haben.

Was der Chronicle vorbrachte, war sonst nicht gefährlich. Hauptsächlich meinte er, es könne ein Autor durch die Korrektur seines Problems möglicherweise ein mittelmäßiges Stück in ein ganz ausgezeichnetes umwandeln und so eine Stellung erreichen, die er von vornherein gar nicht beanspruchen durfte.

Die Gefahr ist nicht vorhanden. Denn jeder Autor setzt für ein Turnier seine beste Kraft ein; wer mit einem mittelmäßigen Problem erscheint, hat immerhin sein bestes Problem gesandt, und er müßte in zwei bis drei Monaten unnatürliche Fortschritte gemacht haben, wenn er es fertig brächte, nach dieser Zeit die Vorzüglichkeit hineinzukorrigieren. Das war nicht zu fürchten und ist auch nicht passiert; leider aber müssen wir über das Gegenteil berichten, denn mehrere Autoren hatten das Mißgeschick, daß sie eine Nebenlösung beseitigten und gerade durch die Korrektur eine neue hervorriefen. Im übrigen bitten wir den Herrn Chronicle-Schreiber, unser Programm im Original und recht sorgfältig zu lesen: er wird seine sonstigen Bedenken dann sofort erledigt finden.

Wir glauben, daß unser § 7 vielleicht unter Anwendung irgend welcher Modalitäten der ferneren Beibehaltung wohl wert sei, zumal die Mehrarbeit, welche den Preisrichtern daraus erwächst, nicht so groß ist, als es wohl den Anschein hat. Auch wird nicht jedes Turnier so reich beschickt werden, wie das jetzige, und diejenigen, welche später in unser Amt eintreten werden, haben nicht zu fürchten, daß sie dabei eine größere Last werden tragen müssen, als wir. Die Zeit, welche wir uns für die Untersuchung und Preiszuerkennung gesichert hatten, ist ausreichend für jedes Turnier; im vorliegenden Falle ist sie sogar um zwei Monate zu lang gewesen, und wir haben uns nicht übereilt.

Indem wir nun im folgenden die Gründe unserer Preisentscheidung entwickeln, geben wir gerne der Kritik das Wort zu sachlicher Erörterung: nur gegen eine Art der Kritik möchten wir von vornherein Verwahrung einlegen. Wir sagen an einigen Stellen unserer Entscheidungsgründe, daß der Unterschied zwischen diesem und jenem Problem nur gering sei, sodaß die Entscheidung uns schwer gefallen wäre, daß wir lange hin und her überlegt und oft hin- und hergeschrieben haben, bevor wir uns zu dem angegebenen Resultate einigten. Damit ist durchaus nicht gesagt, daß nicht dieser oder jener eine andere Meinung gewinne und mit demselben Rechte hintanstelle, was wir bevorzugten: mit dem Rechte des durch eingehende Studien gebildeten, künstlerischen Geschmackes.

Dergleichen möchten wir bitten, ungesagt zu lassen. Wenn der Betreffende einmal das Preisrichteramt innehaben wird, so wird sein Geschmack der maßgebende sein; diesmal ist es der unserige gewesen, und bei kleinen Meinungsverschiedenheiten haben wir unbedingt recht, weil es unser Urteil ist, welches die Konkurrenten kennen wollen, und nicht das seinige. Anders ist es, wenn es sich um weittragende Differenzen handelt, bei denen nicht der persönliche Geschmack, sondern der gute in Frage kommt; hier geben wir uns der rücksichtslosesten Kritik unbedenklich preis, und je schärfer man uns verurteilt, um so größeren Nutzen wird die Problemkunst dabei gewinnen. Ein Fortschritt in der Problemkunst geht uns über alle Bedenken persönlicher Empfindlichkeit; wir werden unsere Ansicht mit unseren besten Gründen verteidigen, aber stets bereit sein, uns der besseren Logik und der reiferen Kenntnis zu beugen.

Das Turnier.

Wir haben weder im Programme, noch bei dessen Besprechung der Grundsätze gedacht, welche für uns bei der Beurteilung von Problemen maßgebend sind, und dennoch erkennen wir es als notwendig an, dem Publikum von vornherein über diesen wichtigen Punkt vollste Klarheit zu verschaffen. Trotzdem bedarf unser Schweigen kaum einer Rechtfertigung, denn Komponisten, welche so häufig, wie wir, in Wort und Werk die in Deutschland gültigen Grundsätze der Problemkunst vertreten haben, repräsentieren mit ihrer Namensunterschrift alles das, was sie im Laufe früherer Jahre veröffentlichten, und bei der universellen Verbreitung der Schachzeitung sind diese Artikel auch im Auslande genügend bekannt geworden. Auch besitzen wir in der Einleitung des Klett'schen Problemwerkes einen Kodex, welcher nach Form und Inhalt den klassischen Problemen dieses „Kaisers der Problemdichter" ebenbürtig ist, und dessen bedingungslose Anerkennung wir bei jeder Gelegenheit ausgesprochen haben. Was die Problemkomponisten von uns zu erwarten haben würden, wußten sie daher, auch ohne daß wir ihnen eine Wiederholung aller jener Schriften vorlegten; die Namen Kohtz und Kockelkorn decken sich mit einer ganzen Reihe von Grundsätzen, für welche seit den letzten Jahren auch Kürschner mit Entschiedenheit eingetreten ist, und deren allgemeine Kenntnis vorausgesetzt werden darf.

Ein Punkt ist es wohl nur, mit Bezug auf welchen eine Einigung auch in Deutschland noch nicht herbeigeführt wurde, obgleich die hervorragendsten Komponisten denselben vertreten: die von denselben geforderte Legalität der Stellung, d. h. die Forderung einer Stellung, welche nicht bloß eine „partiemögliche" ist, sondern deren Rechtmäßigkeit aus sich selbst hervorgeht und nicht gewisser Kunstgriffe bedarf, durch welche die Position zum Endspiel einer abnorm gespielten Partie degradiert wird. Unter den Gegnern dieser Forderung ist R. Mangelsdorf, der verdienstvolle und langjährige Redakteur der Schachspalte der Leipziger Illustrierten Zeitung, wohl der bedeutendste, und sein Ausspruch wurde von weitreichendem Einfluß, weil er in diesem überall gelesenen Blatte verbreitet wurde, in welchem er zugleich fortlaufende Proben einer gediegenen Problemkenntnis und eines scharfen kritischen Verständnisses abgelegt hatte. Wie dieser durch das Wort, so lehrte besonders R. Willmers durch die That eine vollständige Gleichgültigkeit gegen die legale Abstammung der Problemstellungen; um so gefährlicher, als die Gedankentiefe und die bedeutende Schwierigkeit aller Probleme dieses Meisters wohl veranlassen konnten, in demselben ein treffliches Vorbild zu suchen. Wir können uns weder durch den einen, noch durch den andern dieser auch von uns hochgeschätzten Namen von der Richtigkeit der von ihnen vertretenen Lehre überzeugen lassen, und halten mit Bayer, Berger, Klett und vielen anderen an unserer gegenteiligen Ansicht fest.

Aus diesem Grunde haben wir drei der Konkurrenzprobleme wegen „Inkorrektheit der Position“ ihren Autoren zur Verfügung gestellt. Zwei derselben schienen dies als richtig anzuerkennen, indem der eine eine Korrektur einsandte, der andere die beanstandete Aufgabe ohne Einwendung zurückzog. Der dritte aber, Herr H. F. L. Meyer in London, verlangte, daß wir ihm beweisen sollten, wie sein Problem bei voller Aufrechthaltung der Lösung partiegerecht umzugestalten sei. Könnten wir das nicht, meinte er, so hätten wir kein Recht, dasselbe auszuschließen. Er stützte sich bei diesem naiven Ansinnen auf Klett, welcher sagt: „Die Postierung einer nur durch Bauernumwandlung erklärten Figur wird so lange ungerechtfertigt bleiben, bis der Beweis nicht praktisch geliefert ist, daß die entsprechende Idee nicht in einer solchen Position darstellbar ist, welcher dieser künstlichen Erklärung nicht bedarf.“ — Wer soll den Beweis liefern, der Komponist oder der Kritiker? Der Kritiker hat nur die Aufgabe, nach dem Rechten zu sehen: er lobt das Gute und tadelt das Schlechte, aber er verbessert nichts und ändert nichts, ob er auch weiß, wie und wo es zu verbessern wäre. Er hat auch gar kein Interesse am Verbessern der ihm vorliegenden Probleme, dieses Interesse hat der Komponist ganz allein. So hat es Klett gemeint und so meinen wir's auch; wenn es sich daher um die praktische Beweisführung handelt, daß eine Idee nur mit Hilfe vorhergegangener Bauernumwandlung darstellbar sei, so ist dieselbe ausschließlich Sache des Komponisten; er hat zu beweisen, nicht der Kritiker. Wenn dieser Konkurrent das nicht einsehen konnte ohne unsere Beweisführung, so war es verlorene Mühe, ihn zu anderer Meinung bekehren zu wollen; um aber die öffentliche Kontroverse über diesen Punkt möglichst abzukürzen, haben wir geglaubt, an dieser Stelle ausführlich sein zu sollen.

Ein vierter Konkurrent, Herr J. Obermann in Leipzig, hatte sich vor Einsendung eines unter diesen Gesichtspunkt fallenden Problemes durch Vermittelung des Obmannes der bezüglichen Ansicht der Preisrichter versichert. Er beugte sich derselben, ohne sie als richtig anzuerkennen und nicht ohne uns Mangelsdorf's Autorität vorzuhalten. Zugleich aber regte er den Gedanken an, gelegentlich des gegenwärtigen Turniers hinsichtlich dieser Streitfrage die Aufstellung einer übereinstimmenden, wenigstens für die deutschen Turniere maßgebenden Regel herbeizuführen. So lange freilich die gegnerische Minorität von der logischen Unhaltbarkeit ihrer Ansicht sich nicht überzeugen läßt, wird jener Wunsch ein unverwirklichter bleiben; immerhin sei unsererseits der Versuch dazu gemacht, indem wir auch den Obermannschen Einwendungen hier Rede stehen.

Davon ausgehend, daß Klett selbst „sich unbestimmt über die Frage geäußert, es mindestens an einer logischen Begründung seiner Ansicht habe fehlen lassen“, beruft sich auch dieser Gegner auf einen einzelnen, dem Zusammenhang entnommenen Satz, in welchem Klett von einem Neuling spricht, der verdächtig sei, da man seine Umwandlung nicht mit angesehen habe. Zunächst finden wir in der ganzen Klett'schen Abhandlung keinen Satz, der nicht mit logischer Schärfe und Präzision entwickelt wäre; in dem speziellen Falle aber liegt der Schwerpunkt doch gewiß nicht in dem angezogenen Zusatze, sondern vielmehr in den vorangehenden Zeilen: „Das relative Gesetz muß in dieser Frage strenge gehandhabt werden, schon um allerlei Unfug den Eintritt in's Problemgebiet abzuschneiden.“ Herr Obermann und wohl alle übrigen Gegner dieser ebenso einfach als klar motivierten Lehre erklären dagegen alle Stellungen für zulässig, welche durch Bauernumwandlung erklärbar sind, nur dürften sie, fügt Herr Obermann hinzu, nicht mehr Offiziere enthalten, als es dem normalen Figurenbestand einer Partei entspricht. Mit anderen Worten: es müßte von einer durch Bauernumwandlung herbeigeführten Überzahl von Offizieren über jenen Normalbestand ein Teil wieder geschlagen sein, um den letzteren in der Problemposition nicht zu überschreiten. Mit welchem Rechte aber verwirft man z. B. eine Stellung mit drei weißen Springern und nimmt sie zu Gnaden an, wenn der überzählige dritte gefallen ist, während die Spur seiner Existenz noch in der Bauernstellung verrathen wird? Das körperliche Auge wird durch die drei Springer beleidigt, das geistige Auge, welches sie erblickt, ohne daß sie auf dem Brette wären, aber nicht! Das ist offenbar die Logik des Vogels Strauß und der „Unfug“, welchem Klett von vornherein Thür und Thor zum Problemgebiet verschlossen hält, wird durch dieselbe nur in seinen äußeren Konsequenzen beschränkt: willkürlich, da man die notwendige Wirkung einer erlaubten Ursache für unzulässig erklärt; einseitig, weil das nämliche Faktum in einer gewissen Gestalt acceptiert, in einer andern verworfen wird.

Den regelmäßig gegen uns beliebten Vorwurf, daß wir das Problem mit dem Endspiel einer Partie verwechselten, könnten wir schließlich mit größerem Rechte unseren Gegnern zurückgeben, welche ja für ihre Positionen thatsächlich der Hilfsmittel einer gedachten Partie bedürfen, dabei aber die Geister, die sie riefen, nur durch Gewalteingriffe in's Gebiet der Logik loszuwerden vermögen. Daß wir hingegen das Problem auch mit Bezug auf seine Position dem allgemeinen Schachgesetze unterwerfen, hinsichtlich dieses Punktes können wir wiederum nur auf die vortrefflichen Ausführungen Klett's hinweisen, und erinnern zugleich jene Komponisten, welche in allzukühnem Fluge ihrer Phantasie mit dieser Schranke des Schachrechtes in Kollision geraten, an das Wort des Dichters:

In der Beschränkung zeigt sich erst der Meister,
Und das Gesetz nur kann uns Freiheit geben.

Nachdem das Turnierprogramm im Juli 1882 veröffentlicht und die Einladung zur Teilnahme, soweit uns die Adressen zugänglich gewesen sind, den Komponisten und Schachorganen direkt übersandt worden war, liefen innerhalb der halbjährigen Bewerbungsfrist nicht weniger als 76 Preisbewerbungen ein, unter welchen sich 46 Sendungen von je drei, 12 Sendungen von je zwei und 18 Sendungen von je einem Problem befanden; nach der Zügezahl zusammengestellt ergaben sich 67 Dreizüger, 64 Vierzüger und 49 Fünfzüger. Drei dieser Probleme, und zwar zwei Dreizüger und ein Fünfzüger, wurden vor Ablauf des Termins zurückgezogen, so daß für die Preisrichter zunächst die sehr bedeutende Arbeit vorlag, 177 Probleme zu lösen und zu untersuchen. Denn das Selbstlösen dürfte sich nach unserer Ansicht kein Preisrichter ersparen, wenn ihm daran liegt, jenen absolut freien Eindruck zu gewinnen, welchen die Aufgabe auf uns als Löser und Kritiker machen soll, und bei dem wichtigen Zusammenhange der Schwierigkeit mit der Bedeutung und Anlage der Idee ist es eben unerläßlich, zu wissen, in welchem Verhältnis der errungene Genuß zu der überwundenen Schwierigkeit steht; eine richtige Beurteilung dieses Umstandes läßt sich aber nicht durch bloßes Nachspielen der Lösung erzielen. Die Untersuchung ergab in 69 Problemen 160 Fälle von Inkorrektheiten, welches Resultat wir in nachstehender Tabelle spezifizieren:

	Abgekürzte Lösung	Totale Nebenlösung	Partielle Nebenlösung	Unlösbarkeit	Unmögliche Position
24 Fünfzüger:	10	30	5	3	2
22 Vierzüger:	5	40	4	8	1
23 Dreizüger:	4	40	1	7	—

Bei diesen hohen Ziffern ist zu berücksichtigen, daß einzelne Probleme allein ein großes Kontingent zu den Inkorrektheiten beitrugen; drei- und mehrfache Nebenlösungen, verbunden mit gleichzeitiger Unlösbarkeit, waren eben keine Seltenheiten, und beispielsweise der Dreizüger Sendung 12 glänzte durch 3 abgekürzte und 15 Nebenlösungen — das ist des Guten doch zuviel, und die Prüfungsarbeit hört auf, ein Vergnügen zu sein.

Die Mitteilungen der erwähnten Inkorrektheiten an die bezüglichen Verfasser erfolgten, mit Ausnahme einiger wenigen Nachzügler, sämtlich im Monat Februar 1883, und es wurden infolge derselben 46 inkorrekte Probleme zurückgezogen, während für 22 Probleme von der Befugnis des § 7 des Programms, gegen Erlegung des festgesetzten Betrages Korrektur oder Ersatzproblem einzusenden, Gebrauch gemacht wurde. Der hierdurch eingegangene Betrag von 145 Mark wurde uns unter Abrundung auf 150 Mark durch das Kongreßkomitee zu Gunsten des Problemturniers zur Verfügung gestellt, so daß wir in der Lage waren, die Preise um je zwei in jeder Abteilung zu vermehren.

Von den neu eingesandten Problemen erwiesen sich folgende fünf wiederum als inkorrekt:

Sendung 39 (Vierzüger) Nebenlösung durch 1. Da6†.

Sendung 46 (desgl.) Nebenlösung durch 1. Sf8.

Sendung 49 (desgl.) Nebenlösung durch 1. Tf6†.

Sendung 57 (Fünfzüger) partielle Nebenlösung durch (1. Kb6 b3—b2 2. Ta7 etc.).

Sendung 62 (desgl.) abgekürzte Lösungen durch 1. Dc1, 1. Dd2† u. 1. Sd7.

Zur Konkurrenz um die Preise traten demnach 125 Probleme (27 Fünfzüger, 48 Vierzüger und 50 Dreizüger), von welchen nach erfolgter Entscheidung leider noch die Fünfzüger der Sendungen 11 und 37 als unlösbar, sowie der Dreizüger der Sendung 24 als nebenlösig auszuscheiden waren. Namentlich in dem erstgenannten, der Preiskrönung sehr nahe gestandenen Probleme beklagen wir den Entfall einer hohen Zierde für die nachfolgende Sammlung.

Nach diesen Vorbemerkungen stellt sich (die ausgefallenen inkorrekten, bezw. wegen Inkorrektheit zurückgezogenen Probleme durch × bezeichnet) die Übersicht über die ganze Beteiligung am Turniere folgendermaßen:

Übersicht der Beteiligung am Internationalen Problemturnier des Deutschen Schachbundes, Nürnberg 1883.

Sendung Nr.	Motto	Fünfzüger	Vierzüger	Dreizüger	Verfasser
1	(Per controversiam) . . .	—	—	(1)	Vor Ablauf der Bewerbungsfrist zurückgezogen.
2	Vive Marie!	×	×	×	B. Hülsen, Wittenberg.
3	Floreat ars	—	1	—	G. Koblitz, Gerdauen.
4	Kein Preis ohne Fleiß . .	—	1	×	M. Spier, Alsfeld.
5	Ariadne	1	1	1	M. Kappelaro, Linz.
6	Der Springer springet her u. hin	1	×	1	H. Jochens, Berlin.
7	On ne fait pas d'omelette sans casser les oeufs	×	×	×	A. Graf Spóner, Großlomnicz.
8	Chi cerca trova	×	×	1	C. Achille, Campobasso.
9	Der Schein trügt	×	×	1	M. Singer, Czernowitz.
10	Don Quixote	—	—	1	W. Jensen, Krummerup.
11	Minna	×	1	1	Fr. Dubbe, Rostock.
12	Es muß	—	—	×	O. Maas, Mannheim.
13	Daß Jeder thue seine Pflicht	1	1	1	M. Rüdiger, Brieg.
14	Morituri te salutant, Caesar .	×	×	1	J. Barsdorf, Crefeld.
15	Hexe Caïssa	1	1	×	A. Gehlert, Dittersdorf.
16	*Εὕρηκα*	—	—	1	J. Hintzpeter, Siegen.
17	Quid fecisti?	—	1	—	S. Pajkr, Königsgrätz.
18	Ich habs gewagt	—	×	×	O. Fuß, Klausthal.
19	Terebra maculata	×	1	1	G. Liberali, Patrasso.
20	Kde domov můj	1	1	1	G. Chocholouš, Prag.
21	Labor ipse voluptas	×	1	1	P. Randell, Hull.
22	Ne m'oublie pas	×	×	1	H. Hampton, Wokingham.
23	Ad gloriam	—	—	1	D. Clark, Barnaul (Sibirien).
24	Labyrinthodon	×	1	×	A. Graf Kinsky, Görz.
25	Natürlich	1	1	1	C. F. Fiehn, Drießen.
26	Ὦ ξεῖν' ἄγγειλον	1	×	1	L. Weteśník, Altbunzlau.
27	Look before you leap . . .	—	—	×	H. Tivendell, Marburg.
28	Transeat cum ceteris . . .	—	1	×	R. Blümel, Schlegel.
29	Des Lebens höchstes Glück ist seine Kürze	1	1	1	R. Meyer, Köln.

Sendung Nr.	Motto	Fünfzüger	Vierzüger	Dreizüger	Verfasser
30	Veni, vidi, et — non vici .	×	1	—	F. Mansch, Lemberg.
31	A l'oeuvre on connaît l'ouvrier	1	1	1	Fr. Schrüfer, Bamberg.
32	Suum cuique	×	1	1	R. Wassiljew, Omsk.
33	Matrein	1	1	1	M. Ehrenstein, Prellenkirchen.
34	Probieren ist keine Kunst .	×	1	×	J. Jespersen, Hjortlund.
35	Nec tenui penna	1	1	1	L. Noack, Breslau.
36	Volpe vecchia non teme laccio	×	1	1	Fr. af Geijersstam, Nässundet.
37	Das Beste ist grade gut genug	×	1	×	A. Kauders, Wien.
38	Fahre wohl!	1	1	1	A. Engerth, Graz.
39	Ein Närrchen aus alten Zeiten	1	×	1	K. Bayer, Olmütz.
40	To-to	1	1	1	D. Lamouroux, Paris.
41	Eingesandt am 20. Dezember	(1)	1	(1)	C. Nadebaum, Tessin.
42	Suaviter in modo, fortiter in re	×	×	1	H. Aschehoug, Christiania.
43	Wer sollte da nicht auch seine Flügel versuchen? . . .	—	1	1	J. Dobruský, Prag.
44	Zum Zeitvertreib	×	1	1	R. Parthey, Berlin.
45	Emma	—	1	1	H. Fischer, Bamberg.
46	Wenig aber herzlich . .	—	×	—	R. L'hermet, Magdeburg.
47	Tantae molis erat	—	1	1	J. Drtina, Selčany.
48	Nur ein Weg führt zum Ziele	—	—	×	G. Weicke, Magdeburg.
49	Variatio delectat	×	×	1	F. Kuntze, Neu-Mädewitz
50	Alles schon dagewesen . .	—	—	1	O. Löbbecke, Braunschweig.
51	Vae victis!	—	1	—	R. Suchier, Hanau.
52	Audentes fortuna juvat . .	1	1	1	J. Berger, Graz.
53	Veronica	—	—	1	V. Mieses, Leipzig.
54	Sandkörner	1	1	×	C. Mörtzsch, Lindenau.
55	Wenig mit Liebe	—	1	—	M. Obermann, Leipzig.
56	Lied ohne Worte . . .	—	—	1	A. Graf Pongrácz, Tirnau.
57	Humility and modesty . . .	×	1	1	A. Euchler, Gotha.
58	Dem Verdienste seine Kronen	1	1	1	F. Hubert, Lutzmannsburg.
59	Vulpes in laqueo	1	1	1	A. Adama, Norg (Holland).
60	Rjucht in Sljucht	1	1	1	J. Klaver, Winsum (Holland).
61	In manus tuas recommando spiritum meum	1	—	1	Ch. Kondelik, Paris.

Sendung Nr.	Motto	Fünfzüger	Vierzüger	Dreizüger	Verfasser
62	Ein tiefer Gedanke ist die Seele des Schachs	×	1	1	J. Horany, Brünn.
63	Vorsicht!	×	1	1	H. F. L. Meyer, London.
64	In die Tiefe mußt Du steigen	1	—	—	H. v. Walter, Wien.
65	Stehenbleiben ist Rückschritt	1	1	×	A. Perna, Brünn.
66	Durch Nacht zum Licht . .	—	1	×	A. Steinschneider, Proßnitz.
67	Dymphna	—	1	—	C. Dahl, Kopenhagen.
68	Satan	1	×	1	C. May, Braunschweig.
69	Necessitas dat legem . . .	1	1	1	R. Dorr, Elbing.
70	Otium cum dignitate . . .	—	1	1	G. Fano, Triest.
71	Szobu	1	1	1	M. Gomolla, Eisenach.
72	Onore a Caïssa	×	1	1	A. Stein, Würzburg.
73	Salve Caïssa	—	1	1	R. Schulder, Köln.
74	Vertrauen	—	×	—	J. Salminger, Berlin.
75	Zanoni	×	×	1	J. G. Chancellor, London.
76	Alma	—	1	×	R. Sahlberg, Stockholm.

Die Preisentscheidung.

A. Fünfzüger:

I. Preis (120 Mark) Sendung 31 „A l'oeuvre on connaît l'ouvrier“: Franz Schrüfer in Bamberg.

II. Preis (80 Mark) Sendung 52 „Audentes fortuna juvat“: Johannes Berger in Graz.

III. Preis (50 Mark) Sendung 20 „Kde domov můj“: Georg Chocholouš in Prag.

IV. Preis (25 Mark) Sendung 58 „Dem Verdienste seine Kronen“: Franz Hubert in Lutzmannsburg.

Ehrende Erwähnung:

a. Sendung 61 „In manus tuas recommando spiritum meum“: Charles Kondelik in Paris.

b. Sendung 33 „Matrein“: Moritz Ehrenstein in Prellenkirchen.

c. Sendung 35 „Nec tenui penna“: Ludwig Noack in Breslau.

B. Vierzüger:

I. Preis (90 Mark) Sendung 52 „Audentes fortuna juvat“:
Johannes Berger in Graz.
II. Preis (60 Mark) Sendung 61 „A l'oeuvre on connaît l'ouvrier“:
Franz Schrüfer in Bamberg.
III. Preis (30 Mark) Sendung 73 „Salve Caïssa“:
Richard Schulder in Köln.
IV. Preis (15 Mark) Sendung 58 „Dem Verdienste seine Kronen“:
Franz Hubert in Lutzmannsburg.

Ehrende Erwähnung:
a. Sendung 11 „Minna“: Friedrich Dubbe in Rostock.
b. Sendung 20 „Kde domov můj“: Georg Chocholouš in Prag.

C. Dreizüger:

I. Preis (60 Mark) Sendung 36 „Volpe vecchia non teme laccio“:
Fritz af Geijersstam in Nässundet.
II. Preis (40 Mark) Sendung 42 „Suaviter in modo, fortiter in re“:
Hermann Aschehoug in Christiania.
III. Preis (20 Mark) Sendung 58 „Dem Verdienste seine Kronen“:
Franz Hubert in Lutzmannsburg.
IV. Preis (10 Mark) Sendung 52 „Audentes fortuna juvat“:
Johannes Berger in Graz.

Ehrende Erwähnung:
a. Sendung 50 „Alles schon dagewesen“:
Oscar Löbbecke in Braunschweig.
b. Sendung 16 „*Εὕρηκα*“: J. Hintzpeter in Siegen.
c. Sendung 73 „Salve Caïssa“: Richard Schulder in Köln.

D. Sendungen:

Ehrenpreis für die beste Sendung (100 Mark):
Johannes Berger in Graz.
Ehrenpreis für die zweitbeste Sendung (50 Mark):
Franz Schrüfer in Bamberg.

Ehrende Erwähnung:
Georg Chocholouš in Prag.
Franz Hubert in Lutzmannsburg.

Von der diagrammatischen Zusammenstellung der Turnierprobleme selbst haben wir folgende acht Bewerbungen, als Anfangsversuche in der Problemkunst, ausgeschlossen. Wir geben hier deren Stellungen in Typen an:

Sendung 6. Weiß: Kh1. Dd1. Te3, h3. Lb3. Se4, f3. Be5, g4, h2.
Schwarz: Kh8. Db8. Tc8, d7. Lf8. Sb6. Ba6, b5, c6, g7, h7.
Mat in fünf Zügen durch 1. Th7‡ etc.

Sendung 13. Weiß: Kc2. Dh1. Sb5, h5. Bg2.
Schwarz: Ke5. Bc5, d5, e6, e4, f5, g5.
Mat in fünf Zügen durch 1. Da1† etc.

Sendung 69. Weiß: Kg6. Dc1. Tb3. Lg3, g8. Sf7. Bb2, f3.
Schwarz: Kc4. Dg2. Le4. Sh5. Bc6, c5, c2, f5, f4.
Mat in vier Zügen durch 1. Se5† etc.

Sendung 6. Weiß: Ka2. Dh7. Td8. Sa5, d5. Bc5, e6, h3.
Schwarz: Kd2. De1. Tf1. Sf4. Bb2, c3, g5, h4.
Mat in drei Zügen durch 1. Dc2† etc.

Sendung 13. Weiß: Kf2. Tc5. Lf8. Sc2, h2. Bc3, c4, g3, g4, g5.
Schwarz: Ke5. Sb5. Bd3, d5, e6, e4, h6.
Mat in drei Zügen durch 1. Tc6 etc.

Sendung 21. Weiß: Kc5. Ta6. Lc8, g7. Sf1, h8. Bd3, e2, h3.
Schwarz: Ke5. Te6, f6. Lg8. Bf4.
Mat in drei Zügen durch 1. Td6 etc.

Sendung 29. Weiß: Kb7. Df4. Tc2. Ld1, d8. Sg8. Ba4, b5, c6.
Schwarz: Kd6. De5. Bd5, f6, h5.
Mat in drei Zügen durch 1. Te2 etc.

Sendung 69. Weiß: Kg7. De1. Ta4. Lf8, g4. Sc2. Bb3, f4.
Schwarz: Kd5. Tg3. Se4. Bb6, c7, c6, e5, f6, f5.
Mat in drei Zügen durch 1. De4‡ etc.

Ferner bemerken wir schon an dieser Stelle, daß wir die Reihenfolge der Probleme nicht im Einzelnen, sondern gruppenweise nach ihrer Qualität festgesetzt haben; wir werden hierauf bei der Besprechung unserer Entscheidungsgründe des Näheren zurückkommen.

Probleme.

A. Fünfzüger (Nr. 1—23).

1.

I. Preis.

Von Fr. Schrüfer in Bamberg.

Sendung 31.

Mat in fünf Zügen.

2.

II. Preis.

Von J. Berger in Graz.

Sendung 52.

Mat in fünf Zügen.

3.

III. Preis.

Von G. Chocholouš in Prag.

Sendung 20.

Mat in fünf Zügen.

4.

IV. Preis.

Von Fr. Hubert in Lutzmannsburg.

Sendung 58.

Mat in fünf Zügen.

5.
Ehrende Erwähnung.
Von Ch. Kondelik in Paris.

Sendung 61.

Mat in fünf Zügen.

6.
Ehrende Erwähnung.
Von M. Ehrenstein in Prellenkirchen.

Sendung 33.

Mat in fünf Zügen.

7.
Ehrende Erwähnung.
Von L. Noack in Breslau.

Sendung 35.

Mat in fünf Zügen.

8.
Von K. Bayer in Olmütz.

Sendung 39.

Mat in fünf Zügen.

9.

Von C. F. Fiehn in Driesen.

Sendung 25.

Mat in fünf Zügen.

10.

Von A. Engerth in Graz.

Sendung 38.

Mat in fünf Zügen.

11.

Von D. Lamouroux in Paris.

Sendung 40.

Mat in fünf Zügen.

12.

Von C. May in Braunschweig.

Sendung 68.

Mat in fünf Zügen.

13.

Von M. Gomolla in Eisenach.

Sendung 71.

Mat in fünf Zügen.

14.

Von Dr. H. v. Walter in Wien.

Sendung 64.

Mat in fünf Zügen.

15.

Von L. Weteŝnik in Altbunzlau.

Sendung 26.

Mat in fünf Zügen.

16.

Von M. Kappelaro in Linz.

Sendung 5.

Mat in fünf Zügen.

17.

Von A. Gehlert in Dittersdorf.

Sendung 15.

Mat in fünf Zügen.

18.

Von C. Mörtzsch in Lindenau.

Sendung 54.

Mat in fünf Zügen.

19.

Von A. Perna in Brünn.

Sendung 65.

Mat in fünf Zügen.

20.

Von A. Adama in Norg.

Sendung 59.

Mat in fünf Zügen.

21.

Von J. Klaver in Winsum.

Sendung 6?.

Mat in fünf Zügen.

22.

Von R. Meyer in Köln.

Sendung 29.

Mat in fünf Zügen.

23.

Von Dr. R. Dorr in Elbing.

Sendung 69.

Mat in fünf Zügen.

B. Vierzüger (Nr. 1—47).

1.

I. Preis.

Von J. Berger in Graz.

Sendung 52.

Mat in vier Zügen.

2.

II. Preis.

Von Fr. Schrüfer in Bamberg.

Sendung 31.

Mat in vier Zügen.

3.

III. Preis.

Von R. Schulder in Köln.

Sendung 73.

Mat in vier Zügen.

4.

IV. Preis.

Von Fr. Hubert in Lutzmannsburg.

Sendung 58.

Mat in vier Zügen.

5.

Ehrende Erwähnung.

Von Fr. Dubbe in Rostock.

Sendung 11.

Mat in vier Zügen.

6.

Ehrende Erwähnung.

Von G. Chocholouš in Prag.

Sendung 20.

Mat in vier Zügen.

7.

Von L. Noack in Breslau.

Sendung 35.

Mat in vier Zügen.

8.

Von Fr. af Geyersstam in Nässundet.

Sendung 36.

Mat in vier Zügen.

9.

Von A. Engerth in Graz.

Sendung 38.

Mat in vier Zügen.

10.

Von J. Dobrusky in Prag.

Sendung 43.

Mat in vier Zügen.

11.

Von C. Mörtzsch in Lindenau.

Sendung 54.

Mat in vier Zügen.

12.

Von Dr. A. Kauders in Wien.

Sendung 37.

Mat in vier Zügen.

13.

Von H. F. L. Meyer in London.

Sendung 63.

Mat in vier Zügen.

14.

Von M. Ehrenstein in Prellenkirchen.

Sendung 33.

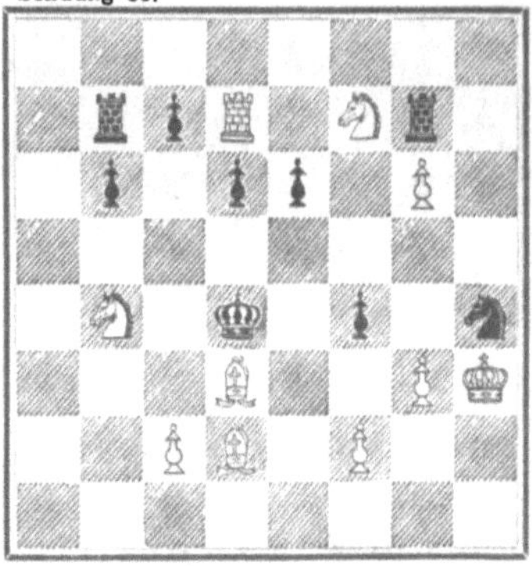

Mat in vier Zügen.

15.

Von C. Nadebaum in Tessin.

Sendung 41.

Mat in vier Zügen.

16.

Von G. Koblitz in Gerdauen.

Sendung 3.

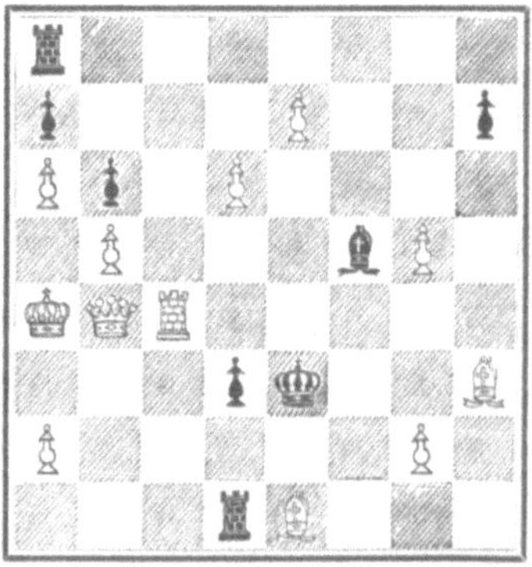

Mat in vier Zügen.

17.

Von G. Liberali in Patrasso.

Sendung 19.

Mat in vier Zügen.

18.

Von C. F. Fiehn in Driesen.

Sendung 25.

Mat in vier Zügen.

19.

Von J. Jesperson in Hjortlund.

Sendung 34.

Mat in vier Zügen.

20.

Von H. Fischer in Bamberg.

Sendung 45.

Mat in vier Zügen.

21.

Von J. Drtina in Selčany.

Sendung 47.

Mat in vier Zügen.

22.

Von M. Obermann in Leipzig.

Sendung 55.

Mat in vier Zügen.

23.

Von M. Gomolla in Eisenach.

Sendung 71.

Mat in vier Zügen.

24.

Von A. Gehlert in Dittersdorf.

Sendung 15.

Mat in vier Zügen.

25.

Von S. Pajkr in Königsgrätz.

Sendung 17.

Mat in vier Zügen.

26.

Von A. Graf Kinsky in Görz.

Sendung 24.

Mat in vier Zügen.

27.

Von Dr. F. Mansch in Lemberg.

Sendung 30.

Mat in vier Zügen.

28.

Von R. Blümel in Schlegel.

Sendung 28.

Mat in vier Zügen.

29.

Von D. Lamouroux in Paris.

Sendung 40.

Mat in vier Zügen.

30.

Von Dr. G. Fano in Triest.

Sendung 70.

Mat in vier Zügen.

31.

Von R. Sahlberg in Stockholm.

Sendung 76.

Mat in vier Zügen.

32.

Von Dr. R. Suchier in Hanau.

Sendung 51.

Mat in vier Zügen.

33.

Von A. Euchler in Gotha.

Sendung 57.

Mat in vier Zügen.

34.

Von A. Adama in Norg.

Sendung 59.

Mat in vier Zügen.

35.

Von J. Horany in Brünn.

Sendung 62.

Mat in vier Zügen.

36.

Von A. Steinschneider in Prossnitz.

Sendung 66.

Mat in vier Zügen.

37.

Von C. Dahl in Kopenhagen.

Sendung 67.

Mat in vier Zügen.

38.

Von M. Spier in Alsfeld.

Sendung 4.

Mat in vier Zügen.

39.

Von M. Kappelaro in Linz.

Sendung 5.

Mat in vier Zügen.

40.

Von J. Klaver in Winsum.

Sendung 60.

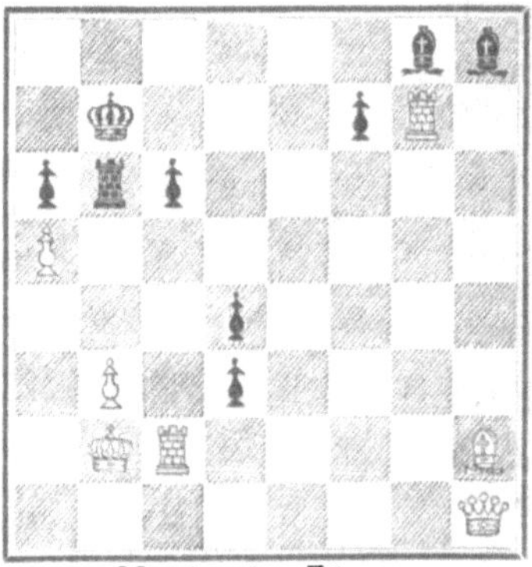

Mat in vier Zügen.

41.

Von A. Stein in Würzburg.

Sendung 72.

Mat in vier Zügen.

42.

Von P. Randell in Hull.

Sendung 21.

Mat in vier Zügen.

43.

Von R. Wassiljow in Omsk.

Sendung 32.

Mat in vier Zügen.

44.

Von A. Perna in Brünn.

Sendung 65.

Mat in vier Zügen.

45.

Von R. Meyer in Köln.

Sendung 29.

Mat in vier Zügen.

46.

Von Dr. R. Parthey in Berlin.

Sendung 44.

Mat in vier Zügen.

47.

Von M. Rüdiger in Brieg.

Sendung 13.

Mat in vier Zügen.

C. Dreizüger (Nr. 1—44).

1.

I. Preis.

Von Fr. af Geijersstam in Nässundet.

Sendung 36.

Mat in drei Zügen.

2.

II. Preis.

Von H. Aschehoug in Christiania.

Sendung 42.

Mat in drei Zügen.

3.

III. Preis.

Von Fr. Hubert in Lutzmannsburg.

Sendung 58.

Mat in drei Zügen.

4.

IV. Preis.

Von J. Berger in Graz.

Sendung 52.

Mat in drei Zügen.

5.

Ehrende Erwähnung.

Von C. Loebbecke in Braunschweig.

Sendung 50.

Mat in drei Zügen.

6.

Ehrende Erwähnung.

Von J. Hintzpeter in Siegen.

Sendung 16.

Mat in drei Zügen.

7.

Ehrende Erwähnung.

Von R. Schulder in Köln.

Sendung 73.

Mat in drei Zügen.

8.

Von G. Chocholouš in Prag.

Sendung 20.

Mat in drei Zügen.

9.

Von L. Noack in Breslau.

Sendung 35.

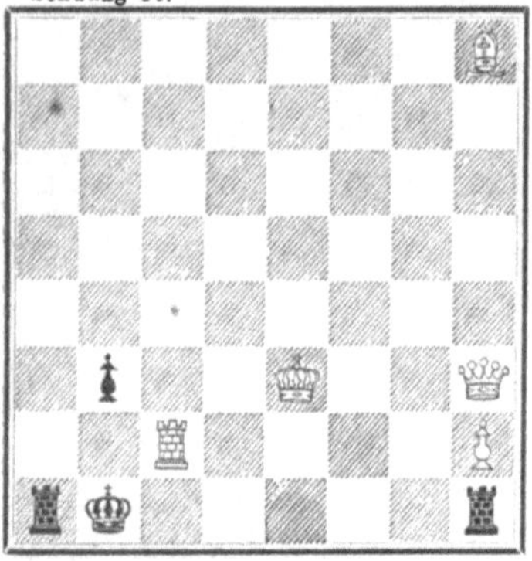

Mat in drei Zügen.

10.

Von J. Dobruský in Prag.

Sendung 43.

Mat in drei Zügen.

11.

Von V. Mieses in Leipzig.

Sendung 53.

Mat in drei Zügen.

12.

Von Ch. Kondelik in Paris.

Sendung 61.

Mat in drei Zügen.

13.

Von Fr. Dubbe in Rostock.

Sendung 11.

Mat in drei Zügen.

14.

Von C. F. Fiehn in Driesen.

Sendung 25.

Mat in drei Zügen.

15.

Von L. Weteśnik in Altbunzlau.

Sendung 26.

Mat in drei Zügen.

16.

Von Fr. Schrüfer in Bamberg.

Sendung 31.

Mat in drei Zügen.

17.

Von M. Ehrenstein in Prellenkirchen.

Sendung 33.

Mat in drei Zügen.

18.

Von A. Engerth in Graz.

Sendung 38.

Mat in drei Zügen.

19.

Von K. Bayer in Olmütz.

Sendung 39.

Mat in drei Zügen.

20.

Von J. Drtina in Selčany.

Sendung 47.

Mat in drei Zügen.

21.

Von C. May in Braunschweig.

Sendung 68.

Mat in drei Zügen.

22.

Von M. Kappelaro in Linz.

Sendung 5.

Mat in drei Zügen.

23.

Von W. Jensen in Krummerup.

Sendung 10.

Mat in drei Zügen.

24.

Von J. Barsdorf in Crefeld.

Sendung 14.

Mat in drei Zügen.

25.

Von G. Liberali in Patrasso.

Sendung 19.

Mat in drei Zügen.

26.

Von D. Clark in Barnaul.

Sendung 23

Mat in drei Zügen.

27.

Von D. Lamouroux in Paris.

Sendung 40.

Mat in drei Zügen.

28.

Von H. Fischer in Bamberg.

Sendung 45.

Mat in drei Zügen.

29.

Von F. Kuntze in Neu-Mädewitz.

Sendung 49.

Mat in drei Zügen.

30.

Von A. Graf Pongrácz in Tirnau.

Sendung 56.

Mat in drei Zügen.

31.

Von A. Euchler in Gotha.

Sendung 57.

Mat in drei Zügen.

32.

Von J. Horany in Brünn.

Sendung 62.

Mat in drei Zügen.

33.

Von H. F. L. Meyer in London.

Sendung 63.

Mat in drei Zügen.

34.

Von Dr. G. Fano in Triest.

Sendung 70.

Mat in drei Zügen.

35.

Von M. Gomolla in Eisenach.

Sendung 71.

Mat in drei Zügen.

36.

Von A. Stein in Würzburg.

Sendung 72.

Mat in drei Zügen.

37.

Von J. G. Chancellor in London.

Sendung 75.

Mat in drei Zügen.

38.

Von M. Singer in Czernowitz.

Sendung 9.

Mat in drei Zügen.

39.

Von A. Adama in Norg.

Sendung 59.

Mat in drei Zügen.

40.

Von J. Klaver in Winsum.

Sendung 60.

Mat in drei Zügen.

41.

Von C. Achille in Campobasso.

Sendung 8.

Mat in drei Zügen.

42.

Von H. Hampton in Wokingham.

Sendung 22.

Mat in drei Zügen.

43.

Von Dr. R. Parthey in Berlin.

Sendung 44.

Mat in drei Zügen.

44.

Von R. Wassiljew in Omsk.

Sendung 32.

Mat in drei Zügen.

Widmungsaufgaben.

1.

Den Preisrichtern gewidmet von Johannes Berger in Graz.

Mat in vier Zügen.

2.

Den Preisrichtern gewidmet von Georg Chocholouš in Prag.

Mat in vier Zügen.

3.

Den Preisrichtern gewidmet von Franz Hubert in Lutzmannsburg.

Mat in vier Zügen.

4.

Den Preisrichtern gewidmet von Charles Kondelik in Paris.

Mat in vier Zügen.

Lösungen.

A. Fünfzüger.

1. Fr. Schrüfer.

1.	2.	3.	4.	5.
Lb3—a2	Tc6—g6	Sb7—d6	Df3—b7	Db1‡
Lg8—h7	Lh7—g6:	Lb8—d6:	~	
		Df3—e4†	Tg6—g4†	Sg1, Lb1‡
	Se7—f5	Kd3—e4:	~	
		Df3—e4†	La2—b1†	Tg3‡
	Se7—d5	Kd3—e4:	Ke4—f3	
		Df3—e3‡	Tg6—g3†	Lb1‡
	Th6—h4	Kd3—e3:	Ke3—e4	
		La2—b1†	Df3—e4†	Ld3, Db4‡
	Tg6: etc.	Kd3—c4:	~	
	Se2—c1†	Df3—e3:	De3—b3†	Db1‡
S od. Tc6:	Kc2 (c3)	Kc2—b2	~	
		Df3—d1†	Dd1—b3†	Dd4‡
	Kd3—d4	Kd4—c3	Kc3—d4	
	c4—d5:	Sb7—d6	c5—d6:	Tc3‡
Se7—d5!	Lg8—h7	L od. Td6:	~	
			Tc6—b6	Lb1‡
		Kd3—c2	~	
		Tc6—b6	Df3—e3‡	Tb3‡
	Th0—h4	e5—e4	Kd3—e3:	
			La2—c4‡	De4‡
		Th4—c4	~	

1.	2.	3.	4.	5.
		 Th4—f4	La2—b1† Kd3—c4	Tb4‡
	 Th6—h3:	La2—b1† Kd3—c4	Df3—e4† ~	Db4‡

Auf 1. .... Th3:, 1. .... e5—e4, 1. .... Th4 erfolgt das Mat schon im vierten Zug; 1. .... Se7—f5 erledigt sich in fünf Zügen, sowohl durch 2. Lb1† als durch 2. Df5‡ etc.

2. J. Berger.

1.	2.	3.	4.	5.
Lg3—e5 g4—f3:	Dd8—g5 Sh7—g5:	Sa5—b7 Kd5—e6	Sb7—c5† ~	Sh6, Se7‡
		 Kd5—e4	Sb7—c5† ~	Sh6, Se7‡
		 Sf(g)—e6	Sg8—f6† Kd5—c6:	Sa5‡
		 Sg5—f7	Sg8—e7† ~	Sc5‡
		 Sg5—e4	Sg8—e7† Kd5—e6	Sd8‡
		 d7—c6:	Sb7—c5 ~	Se7‡
		 d3—d2 etc.	Sc5 oder Se7† etc.	
	 d7—c6:	Sa5—b7 c6—c5	Sb7—c5: Sg5: od. ~	Se7‡
		 Le8—d7	Sg8—e7† ~	Sd8, De3‡
		 Le8—f7	Sg8—e7† ~	Sc5 (De3)‡
		 Kd5—e6 (e4)	Sb7—c5† ~	Sh6, Se7‡
		 Sh7—f6	Sg8—f6† Kd5—e6	Sd8‡

1.	2.	3.	4.	5.
			Sb7—c5	Se7‡
		~		
		Sa5—b7	Dg5—e7†	Dg7‡
	Kd5—e6	Ke6—f7	Kf7—g8:	
			Sb7—d8†	Sf6‡
		Sh7—f6	Ke6—d5	
		Sa5—b7	Dg5—e3†	Se7, Sh6‡
	Kd5—e4	Sf8—e6	~	
		Sg8—e7†	Sa5—b7	Sc5, Sd8‡
	Le8—f7	Kd5—e6	~	
		Sa5—b7	Sg8—e7†	Sc5, De3‡
	d3—d2	d2—d1D	~	
	Sa5—b7	Sg8—e7†	Dd8—d7‡	Sd8‡
d3—d2	d2—d1D	Kd5—e6	~	
		Dd8—f6:	Sg8—e7	Sc5‡
	Sh7—f6	g4—f3:	Kd5—e4	
	Dd8—e8:	Sg8—e7†	Sa5—b7	Sc5, Dg6‡
g6—g5	g4—f3:	~	~	
	Sg8—e7†	Sa5—b7	Dd7: od. De8: etc.	
Ld8—f7	Kd5—e6	~		

3. G. Chocholouš.

Dh8—h7	Sf5—g3	Dh7—f7:	Tc6—c5†	Sg3—e4‡
Ke4—e5:	Sg8—h6	Sh6—f7:	Ke5—d6:	
				Se6‡
			Ke5—d4	
				Sh5‡
			Ke5—f6:	
				Tf5‡
			Ke5—f4	
			Sf8—g6†	h2—h4‡
		Ke5—f4	Kf4—g5	
				Dd5‡
			Kf4—f3	

1.	2.	3.	4.	5.
	 Sg4—h6	Dh7—e4† Ke5—f6:	De4—d4† Kf6—g5	h2—h4‡
	 Sg8—e7	d6—e7: Df1—g2	Dh7—f5† Ke5—d4	Dc5‡
	 Ke5—f6:	Tc6—c5 ~	S, T‡	
 Df1—h1	Sf5—g3† Ke4—d5	Dh7—f7‡ Kd5—c6:	Df7—d7† ~	Db5‡
 Sg4—f6:	Tc6—c4† Ke4—d5	Dh7—f7‡ Kd5—e5:	D‡	
	 Ke4—e5:	Dh7—f7: Ke5—f5:	h2—h4 ~	De6, g6‡

Analog der letzteren Variante ist auch 1. .... Ke4—d5 durch 2. Dh7—f7‡ etc. zu erledigen.

4. Fr. Hubert.

1.	2.	3.	4.	5.
Db2—c2 Sg8—h6	Sb7—d6: Sb5—d6:	Le8—d7 Sd6—b5	Dc2—c4† ~	Le6 (De6)‡
		 Sd6—f5	Dc2—e4† ~	Lc6 (Dc6)‡
		 Sh6—f5	Ld7—f5: ~	De4‡
	 Le7—d6 :	Le8—b5: a6—b5:	Dc2—d3† ~	De4, Td6‡
		 Kd5—e6	Td8—d6‡ Kd5—d6:	Dc6‡
		 e5—e4	Dc2--c5† etc.	
	 Sb5—c3	Sd6—e4† Le7—d8:	Dc2—d3† Kd5—e6	Dd7‡
	 Kd5—e6	Dc2—c8† ~	Se4, Dc4‡	
 Dh8—h3	Le8—f7 Dh3—e6	d2—d3 Kd5—d4	La5—b6† Kd4—d5	Dc4‡

5. Ch. Kondelik.

1.	2.	3.	4.	5.
Sd4—e6: / Kd6—e5!	Dh1—c1 / f6—g5:	Le3—c5 / Se2—c1:	Sf8—d7† / Ke5—d5:	Sc7‡
		/ Ke5—f6	Dc1—g5† / Kf6—f7	Dg6‡
		/ Kc5—d5:	Dc1—e3 / ~	D, S‡
	/ c6—c5	Le3—f4† / Ke5—d5:	Se6—c7† / Kd5—c6, d4	Le4, De3‡
		/ Se2—f4:	Dc1—f4† / Ke5—d5:	Le4‡
	/ Se2—c1:	Le3—f4† / Ke5—d5:	Se6—c7† / K~	Se6‡
	/ Ke5—d5:	Dc1—d1† / Kd5—e5	Le3—f4† / Se2—f4:	Dd4‡
/ Lh3—f1	Dh1—g1 / Se2—g1:	Le3—f4† / Kd6—d5:	Se6—c7† / ~	Sf8—e6‡
		/ Kd6—e7	d5—d6† / K~	Lg6‡
	/ Kd6—d5:	Le3—f4 / Se2—g1:	Se6—c7 / ~	Se6‡
		/ f3—f2	Dg1—f2: / ~	Dc5, d4‡
	/ f3—f2	Le3—c5† / Kd6—d5:	Dg1—g4: od. 4. Dh1† etc.	
	/ c6—d5:	Le3—f4† / Se2—f4:	Dg1—c5† / Kd6—e5	Dc7‡
		/ Kd6—e7	Dc5† od. Da7† etc.	
	/ Kd6—e5	Lf4 od. Dg4: etc.		
	/ f6—g5:	Lc5† od. Lf4† etc.		

1.	2.	3.	4.	5.
— / f6—g5:	Dh1—b1 / Kd6—d5:	Db1—b6 / Kd5—e5	Le3—d4 / ~	Dc5, d4‡
	— / Se2—f4	Db1—b8† / Kd6—e7	Db8—c7† / Ke7—f6	Dg7‡
		— / Kd6—d5	Db8—d8† / Kd5—e5	Dd4‡
	— / Kd6—e5	Db1—b8† / Ke5—d5:	Le3—c5 / ~	Dd6‡

6. M. Ehrenstein.

1.	2.	3.	4.	5.
Tb2—b5: / c6—b5:	Se5—d3 / Kd5—c4	Sc5—e4 / Le3—b6:	Sd3—b4 / ~	d2—d3‡
		— / Kc4—d3:	Db6—b5‡ / ~	d2—d3, Db1‡
		— / b5—b4	Db6—a6† / Kc4—d5	Sf6‡
		— / Lg5, Sg2	Sd3—b4 / ~	S, B‡
		— / Kc4—d5	Db6—b7† / Kd5—c4	Se5‡
	— / b5—b4	Sd3—b4‡ / Kd5—c4	d2—d3† / Kc4—c3:	Se4‡
		— / Kd5—e5	Sc5—d7‡ / Ke5—e4	d2—d3‡
	— / Le3—d2:	Ka2—b3 / Ld2—c3:	Db6—b7† / ~	Dd7:, e4‡
	— / Sh4—f5	Sd3—b4† / Kd5—c4	Sc5—e4 etc.	
	— / Lh5—g4:	Db6—b7† / Kd5—c4	Db7—e4† / Le3—d4	Dd4‡
— / Kd5—e5:	Db6—c7† / Ke5—f6	Sc5—d7‡ / Kf6—g7	Sd7—f6 / ~	g4—g5, Tb8‡
	— / d7—d6	d2—d3 / c5—b6:	Sc5—d7† / Ke5—d5	Db7‡

1.	2.	3.	4.	5.
		— / Le3—c5:	Dc7—g7† / Ke5—d5	Dd4‡
— / Lh5—g4:	Sc5—b7† / c7—b6:	Db6—b5† / Le5—c5	Dc5‡ etc.	
		Tc5‡ etc.		
	— / c6—c5			

7. L. Noack.

1.	2.	3.	4.	5.
Sf7—e5: / Kf2—e3	Tg6—g2 / Ke3—e4	Dd6—c6† / Ke4—d4:	Tg2—e2 / ~	D, T, S‡
		— / Ke4—e5:	Tg2—g4 / ~	D, T, S‡
		— / Ke4—e3	Sd4—e6 / (Le4) ~	Dc5, f3‡
		— / Ke4—f4	Se5—c4 / Le4 od. ~	Dd6, f3‡
	— / Lb1—c2	Sd4—c2‡ / Sa1—c2:	Dd6—d3† / Ke3—f4	Sg6‡
		— / K~	Tg2—g4† / Kf5	Sd4‡
	— / Sa1—c2	Sd4—f3 / Ke5—f4	Tg2—g4† / ~	Dd2, g6‡
		— / ~	Dd6—d3† / ~	Tg4 Sg6‡
		Sd4—f5‡ etc.		
	— / Lb1—f5			
	— / ~	Se5—c4† / Kd3, e4	Sb2‡, Td2 etc.	
— / Lb1—d3	Se5—c4 / Ld3—c4:	Dd6—f4† / Kf2—e1	Tg1† etc.	
	— / Kf2—e1	Tg4—g1† / Ld3—f1	Df4 etc.	
— / Sa1—b3	Se5—c4 / Sb3—d4:	Dd6—d4‡ etc.		

1.	2.	3.	4.	5.
— / Lb1—g6:	Se5—g4† / Kf2—e1	Dh2 etc.		

Sonstige Varianten leicht.

8. K. Bayer.

1.	2.	3.	4.	5.
Td5—d3† / Ke3—e4	Dh6—g5 / Ke4—d3:	Dg5—g4 / Kd3—c4	Sc6—a5† / ~	Sf6, De2‡
		— / Td8—e8:	Dg4—f3† / ~	Se5, Sa5‡
		— / Kd3—e4	Se8—f6† / Ke4—d3	De2‡
	— / Sd6—c4	Dg5—c7† / Ke4—f5	De7—f7‡ / ~	Dg6‡
		— / Sc4—e5	De7—e5‡ / Ke4—d3:	De2‡
	— / Td8—e8:	Dg5—g4 / Kc4—d3:	Dg4—f3† / ~	Se5, Sa5‡
		— / h3—h2 etc.	Td3—d4† / Ke4—e3	De2‡
	— / Sd6—f5	Se8—f6† / Ke4—d3:	Sc6—e5† / Kd3—e3	Dg1‡
— / Ke3—d3:	Dh6—f4: / Sd6—c4	Sc6—e5† / Sc4—e5:	Sg8—f6 / ~	De4 (d4:)‡

9. C. F. Fiehn.

1.	2.	3.	4.	5.
Dg8—b8 / Lg6—h5:	Lf7—d5‡ / Ke4—d4	Db8—b2† / Kd4—c5	Db2—b6† / Kc5—b6:	Le3‡
	— / Ke4—d3	Db8—b5† / Kd3—c2	Db5—e2† / Kc2—b1	Da2‡
— / Lg6—f7:	Th5—h3 / f5—g4:	Db8—b1† / Ke4—d4	Db1—c2 / ~	Sb5, Dc3‡
— / Ke4—d4	Th5—h3 / Kd4—c5	Th3—c3† / Kc5—d4	Sc7—b5† / Kd4—e4	Te3‡

1.	2.	3.	4.	5.
	— / f5—g4:	Db8—b6† / Kd4—e4	Lf7—d5‡ / Ke4—f5	Df2‡
	— / e5—e4	Sc7—b5† / Kd4—e5	Db8—e8† / Ke5—f6	g4—g5‡
— / Ke4—f3	Db6—b2 / f5—f4	Db2—g2‡ / Kf3—e3	Th5—h3† / Ke4—d4	Dd5‡
— / Ke4—d3	Db6—b2 / f5—f4	Th6—h3† etc.		
	— / Lg6—h5:	Db2—d2† / Kd3—c4	Dd5‡ etc.	
— / f5—f4	Th6—h3 / f4—f3	Db8—b2† / f3—f2†	Db2—f2: / Tg7—f7:	Dc3‡
		— / Kd4—d3	Th3—f3‡ / Kd3—c4	Dc3‡
	— / Tg7—g8	Lf7—d5‡ / Kd4	‡	

10. A. Engerth.

1.	2.	3.	4.	5.
Sg8—e7 / Kf4—e3	Dc8—a6 / Sf7—e5:	Da6—a1 / Sg3—e2	Da1—d4† / ∼	Sf5, Sd5: ‡
	— / Sg3—e2	Da6—e2‡ / Ke3—f4	Sg6† etc.	
	— / Sf7—h8	Sc7—d5‡ / Ke3—d4	Tc2—c4† / ∼	De6‡
— / Lc7—b6, d8	Se7—d5† / Kf4—e5:	Dc8—c6† / Ke5—d4	Sc5—b3† / Kd4—d3	Sb4‡
— / Sf7—d8	Se7—g6 / Kf4—e3	Dc8—a6 / Sg3—e2	Dc2‡ etc.	
— / Sf7—d6	Se7—d5‡ / Kf4—e5	Dc8—e6† / Ke5—d4	Sc5—b3† / Kd4—d3	Sb4‡
— / h2—h1D	Se7—d5 / Kf4—e5:	De6† etc.		

— / Lc7—a5 intendiert durch 2. Sd5‡ Ke5: 3. Td2 Kd6 4. Sb7† etc. ist umgehbar durch 2. Da6 oder 2. De6.

11. D. Lamouroux.

1.	2.	3.	4.	5.
Ka5—a4 Se4—c3†	Ka4—a3 Sc3—b5(b1)†	Ka3—a2 Sb5(1)—c3†	Ka2—a1 ~	Da2, Da7, Sc6:‡
		— Sb5—d4	Le3—d4: ~	Db7 (Sc6:)‡
	— Sc3—e4	Dg2—e4: f5—e4:	Se5—c6† Tf6—c6:	Th5—a5‡
— Sa8—c7	Dg2—e4: f5—e4:	Se5—c6 Tf6—c6:	Th5—a5† Sc7—a6	Ta6‡

12. C. May.

1.	2.	3.	4.	5.
a4—b5: Td6—d8:	Da1—a7: Th8—f8	Tf3—f5 Kd5—e4:	Da7—e3† ~	Te5, De5‡
		— Kd5—e6:	Da7—e7† ~	T(D)e5:‡
		— Tf8—f5:	Da7—c5† ~	g4—f5, Lf5:‡
	— Lh5—g6:	Se6—c7† Se8—c7:	Da7—c5† ~	Te3, Tf6‡
	— Lh6—f8	Tf3—d3† c4—d3:	Da7—a2† b4—b3	Db3‡
— Lh5—g6	Da1—a7: Kd5—e4:	Td8—d6: Se8—d6:	Tf3—e3† Ke4—d5	Sc7‡
	— c4—c3	Da7—c5† Kd5—e6:	Td8—d6‡ ~	De5:, d6:‡
	— Lh6—f8	Da7—c5† Kd5—e6:	Sg5:† etc.	
— Lh6—f8	Da1—a7: Lf8—e7	Tf3—d3:† Kd5—e6:	Td6‡ etc.	

13. M. Gomolla.

1.	2.	3.	4.	5.
Sh4—g2 / Sf4—g2:	Lh2—e5: / f6—e5:	f5—f6 / Lg5—f6:	Dd7—d2 / ~	Db4, a5‡
		— / ~	Dd7—a7† / Kc5—d6	De7‡

14. Dr. H. v. Walter.

1.	2.	3.	4.	5.
De2—f3 / g4—f3:	Sd3—c5† / Lf8—c5:	b5—c6: / c4—c3	La6—f1 / ~	Lh3‡
		— / Lc5—d4:	Td1—d4: / ~	Td6‡
		— / b7—c6:	Lc8‡	
— / Ke6—d7	Df3—f4: / Ke7—e8:	Df4—b8† / Ke8—d7	Db8—d8† / Kd7—e6	Sf4‡
	— / c4—d3:	Kg8—f8: / Tb4—d4:	Df4—c7† / Kd7—e6	Df7‡
		— / ~	Df4—d6(c7) / ~	Dc7, Dc8‡
— / Tb4—b5:	Df3—f4: / Tb5—g5†	Lf6—g5: / Ke6—d7	Df5† etc.	
	— / c4—d3:	Df4—c7 etc.		
	— / Ta3—a5	Sd3—c5† / Ta5—c5:	d4—c5: etc.	

15. L. Wetešnik.

1.	2.	3.	4.	5.
Sc8—a7 / Kd7—e6	Sd5—e3 / Ke6—d6	Df8—d8† / Kd6—c5	Dd8—e7: / ~	Sc4, Sb5‡
		— / Ke6 (e5)	Dd8—d5† / ~	Sg2, Df7‡

1.	2.	3.	4.	5.
	... / d2—d1D	Df8—f5 / Ke6—d6	Se3—c4† / Kd6—c7	Dc8‡
	... / Ke6—d7	Df8—c8† / Kd7—d6	Sa7—b5† / Kd6—e5	Df5‡
	... / Ke6—e5	Df5† oder 3. Sb5 etc.		
... / Kd7—d6	c2—c4 / Kd6—e6	Kh4—g5 / Ke6—e5	Df8—e7:† / Ke5—d4	De3‡
	... / Kd6—e5	Df8—f4† / Ke5—e6	Df4—e4† / Ke6—d7	De7‡

16. M. Kappelaro.

1.	2.	3.	4.	5.
Sb6—d5 / Lb1—a2	Dc4—a6 / La2—c5:	La5—d8† / Kg5—f4	Da6—f1† / ~	Lg5, Lc7, Df6‡
... / Kg5—f5	Dc4—c6 / e4—e3	La5—c7 / Kf5—e4	Sd5—f4† / Ke4—f5	Dg6‡
		... / ~	Sd5—e7† etc.	
... / Kg5—h6	Ke8—f7 / Lb1—a2	Dc6†	Dg6† etc.	
... / Kg5—g6	Sd5—e7† / Kg6—g5	Dc4—f7 / Lb1—a2	Df7—f5† / Kg5—h6	Dg6‡
	... / Kg5—f6	Df7†	‡	

17. A. Gehlert.

1.	2.	3.	4.	5.
Sf6—d5 / Kc4—d5:	Sc8—a7 / Kd5—c4	Sa7—b5 / Kc4—d5	Sb5—a3 / ~	c3—c4‡
		... / ~	Df5—e4(†) / ~	a2—a4, Db4‡

18. C. Mörtzsch.

1.	2.	3.	4.	5.
Se3—c4 / Lh6—f4:	Le8—c6 / Kd3—e4:	Kd1—c2 / Lf4—c1	Sb5—c7 / ~	Lb5, d5‡

19. A. Perna.

1.	2.	3.	4.	5.
Df8—f1 / b6—b5	Df1—f8 / b5—b4	Df8—f1 / Sh8—f7	Df1—f7: / ~	Dg7:, Df5, Df4‡
	— / Sh8—f7	Df8—f7: / b6—b5	Df8 etc.	
— / Sh8—f7	Df1—f7: / b6—b5	Df8 etc.		

20. A. Adama.

1.	2.	3.	4.	5.
g4—g5 / Sa3—b5	Lc1—a5 / c7—c6	g5—g6 / c7—c6	La5—d8 / ~	Lg5‡
		— / Sb5—d6	La5—c3 / ~	Tf3‡

21. J. Klaver.

1.	2.	3.	4.	5.
Sc8—c7 / c4—c3	Lh7—c2 / c3—b2:	Lc2—b1 / g5—g4	Ke3—d3 / Ke5—f5	Kd4‡
— / g5—g1	Lh7—c2 etc. mit entspr. Zugumstellung.			

22. R. Meyer.

1.	2.	3.	4.	5.
Tg5—h5 / g6—h5:	Ld6—f8† / Kg7—h8	Lf8—h6 / ~	Ke8—f7: / ~	Lh7‡
— / g6—f5:	h7—h8D† / Kg7—h8:	Ke8—f7: / Kh8—h7	Ld6—f8 etc.	
— / Kg7—h8	Th5—h6: etc. wie vorher.			

23. Dr. Dorr.

1.	2.	3.	4.	5.
Tc2—c5† / Kd5—c5:	Sd4—e6† / Kc5—d6	Db1—e4† / f5—e4:	Tb4—d4† / Lc5—d4:	Sc7‡
		— / Kd5—e6	De4—e6‡ etc.	

B. Vierzüger.

1. J. Berger.

1.	2.	3.	4.
Td3—d5 Kb4—c4:	Dg8—h8! Kc4—d5:	e2—e4† K dreifach	De8, c8, c3‡
 Tb6—b7	Dg8—d8 Kb4—c4:	Kd8—d6: ~	D(T)d4‡
	 Tb7—c7	Dd8—c7: b4—c4:	Db6‡
	 Tb7—a7 (e7)	Dd8—d6‡ ~	Dd4, Tb5‡
	 Tb7—d7	Dd8—d7: etc.	
 Kb4—a5	Dg8—d8 Ka5—b4	Dd8—b6: etc.	

2. Fr. Schrüfer.

1.	2.	3.	4.
Dc1—h1 Tb6—b8	Kd3—e2! Tf7—e7:	Dh1—e4† ~	Sd4, Sg3‡
	 Kf5—g6	Se6—f8† Kg6—f5	Db1‡
	 g4—g3	Dh1—h3† ~	Sg3:, Sf8‡
	 d5—d4	Dc1—b1† d4—d3	Dd3‡
 Tb6—b7	Dh1—h4 Tb7—e7:	Dh4—f6† Tf7—f6:	Sd4‡
	 Kf5—g6	Dh4—g4‡ Kg6—h7	Sf8‡
 b4—b3	Dh1—h4 Tb6—b4	Dh4—f6† etc.	

3. R. Schulder.

1.	2.	3.	4.
Dh8—h1 / h5—g4:	Sa5—b3 / La2—b3:	Tc1—c5‡ / ~	Da5 (e5)‡
	/ c5—c4	Da1—d4† / Kd5—e6	Sg7‡
/ e3—e2(Sh6)	Sa5—b3 / Ke6 (Sg4:)	Sb3—c5 / ~	Dd4‡
	/ e2—e1D	Tc1—e1: / ~	De5‡
/ Kd5—e6	Tc1—c5: / La2—d5	Kb8—c7 / ~	Sg7‡
/ Sg8—f6	Da1—f6: / c5—c4	Df6—d4† etc.	

4. Fr. Hubert.

1.	2.	3.	4.
Tc5—c3 / Kd6—e5:	Lg5—e7 / Lf7—d5:	Da4—d4† / ~	Lf6 (Df6)†
	/ Sb7—c5	Da4—f4† / ~	Ld6 (Dd6)‡
	/ ~	f3—f4† / Ke5—d5:	Dc4‡
/ Kd6—d5:	Da4—c4† / Kd5—e5:	Tc3—e3† / Ke5—d6	Le7‡
Lf7—d5:	Da4—d7‡ / Kd6—c5:	Dd7—g7† / Ke5—d6(e6)	De7‡
/ Lf7—c6	Da4—d4 / Lc6—d5:	Se5—f7† / Kd6—e6	Df6‡
	/ Lc1—b2	Se5—g6 / ~	Lf4, Dc5, De5‡
	/ Sb7~	Dd4—c5† / Kd6—e5:	Te3‡

1.	2.	3.	4.
/ Lf7—g8	Da4—d4 / ~	Se5—g6 etc.	
/ Lf7—e8	Da4—b4† / Kd6—e5:	Tc3—d3 / ~	Df4‡
	/ Kd6—d5:	Tc3—d3† / ~	De7‡
	/ Sb7—c5	Db4—c5‡ etc.	
/ Sb7—c5	Da4—d4 / Kd6—c7	Dd4—c5‡ / ~	Dc8‡
	/ Lf7—d5:	Dd4—c5‡ etc.	
	/ f5—f4	Tc3—c5: / ~	Sc4 (Dd5:)‡
/ Sb7—d8	Se5—d3: / Lf7—d5:	Da4—b4† / Kd6—e6	De7‡
	/ L~	Da4—f4† / Kd6—d5:	De5‡
	/ S~	Tc3—c6† / d7—c6:	Dc6‡

5. Fr. Dubbe.

1.	2.	3.	4.
Lf7—g8 / Da2—a5	Se5—f7 / Da5—c7	Dg5—f5† / ~	Sg5, Lh7:‡
	/ Da5—c3:	Lg8—h7‡ / ~	De5, Df4‡
	/ ~	Dg5—e5 (e3)† etc.	
/ Sf1—e3	Se5—f3 / Se3—g2	Dg5—f5† / ~	Sg5, Lh7:‡
	/ ~	Dg5—e5 (e3)† etc.	
/ Tc2—c3:	Lg8—h7‡ / Ke4—d5	Dg5—d8† / Kd5—e5:	f2—f4‡

1.	2.	3.	4.
 La7—b8	Lg8—h7‡ Ke4—d5	Dg5—d8† Lb8—d6	Da8‡
 Sf1—g3:	Lg8—h7‡ Sg3—f5	Dg5—g2† Ke4—f4	Se2‡

6. G. Chocholouš.

1.	2.	3.	4.
Dc2—d3 f2—f1 S	Td6—e6† d7—e6:	d5—d6! ~	Sg4, Lg7, f3—f4‡
 Ke5—d6:	Sf6—e8† Kd6—c5	Lh6—e3‡ Kc5—b4	a2—a3‡
 Ld8—f6:	Lh6—f4† Ke5—f4:	Dd3—e4† Kf4—g3	Dg4‡

7. L. Noack.

1.	2.	3.	4.
Dc1—c8 a3—b2:	Dc8—f8† Kd6—c6 (c7)	Sg5—e4 ~	Dd6, Dc5‡
	 Kd6—e5	Sb6—d7† ~	Dc5‡
 h6—g5:	Dc8—f8† Kd6—c6 (c7)	Lb2—a3: ~	Dd6, c5‡
	 Kd6—e6	Lb2—g7: ~	Df6‡
 Lb8—d5	Lb2—d4 Ld5—c6	Dc8—f8† Kd6—c7	Se6‡
	 Kd6—e7	Dc8—d7† ~	Dd8‡
	Lb2—d4 etc.		
 a6—a5 od. d3—d2			
 La4, Le6	Dc8—f8† Kd6—c7	Sg5—e6† Kc7—b6:	Dc5‡

8. Fr. af Geijersstam.

1.	2.	3.	4.
Dg8—e6 / Tg2—h2	Th1—d1 / Kc5—d4:	De6—e5† / ~	d2—d3, d4‡
	— / Lb3—d1:	Sd4—f5 (b5) / ~	d2—d4 (Dd5)‡
	— / Lb3—c4:	De6—e5† / Lc4—d5	Tc1‡
	— / ~	Sd4—b3† / a4—b3:	d2—d4‡
— / c7—d6:	Th1—c1 / f2—f1D	De6—e5† / d6—e5:	Se6‡
	— / Lb3—c2	De6—e4 / ~	Se6‡, Tc2‡
	— / Kc5—d4:	De6—e4† / Kd4—c5	d2—d4‡
— / Tg2—g4:	De6—e4 / Tg4—g6	Th1—h5† etc.	
— / ~	Th1—h5† / g6—g5	Th5—g5‡ etc.	

9. A. Engerth.

1.	2.	3.	4.
Tg6—h6 / Kd5—d4	Th6—h4! / Kd4—d5	Dc1—c4† / Kd5—c4:	Le6‡
	— / Sd6, Sc3	Lg4—e6† / Se4	Te4‡
— / Sb5—d4	Th6—d6† / e7—d6:	Sd7—f6† / Kd5—e5:	f3—f4‡
— / Sb5—d6, c7	Th6—d6‡ / e7—d6:	Sd7—f6† / Kd5—e5:	Dc3‡
— / c7—e6	Th6—h4 / Sb5—d4	Sd7—f6† / Kd5—e5:	Dc7‡

1.	2.	3.	4.
	Sb5—c7	Lg4—h5 ~	Dc4, c5‡
		Dc1—c3: etc.	
	Sb5—c3		
a3—a2	Dc1—c6† Sd8—c6:	Lg4—e6† Kd5—d4	Th4‡

10. J. Dobruský.

Tc1—c6 Sf4—g6	Da7—c3 Th5—e5:	Dc3—c5† Se4—c5:	Td6‡
	Th5—h4:	d3—e4‡ ~	d2—d4, Dc5‡
Lg8—e6	Tc6—d6† Se4—d6:	Sc8—e7† Kd5—e5:	Da1‡
	Kd5—e5:	Da7—d4† Ke5—f5	Se7‡
Sf4—d3:	Da7—d4† Kd5—d4:	Se5—f3† Kd4—d5	Se7‡
Sf4—e6	Se5—c4 Kd5—c6:	Sc8—e7† ~	c8D, Da5‡
		Da7—c5‡ etc.	
	Sc4—c5		

11. C. Mörtzsch.

Tc6—d6 Kd4—c5:	Sb2—c4! d5—c4:	Td6—d4 ~	Dd6‡
	Sf2—d1:(d3)	Td6—c6† ~	Dd6, Dd2(e3)‡
	Kc5—c4:	Df4—d2 ~	Dc3, Dd4, Tc6‡
	Lh4—g5	Df4—f5 ~	Dd5‡
Tg8—g5	Df4—f6‡ Tg5—e5	Td6—d5‡ Kd4—d5:	Dd6‡

12. Dr. A. Kauders.

1.	2.	3.	4.
Th7—h6: / Sd7—e5	b3—b4 / Da8—e4:	Df4—f5† / ~	Sf4, Se7‡
	— / ~	Df4—f4† bez. Sf8† etc.	
— / c4—b3:	Df4—g4† / Ke6—d5	Sg6—e7† / Kd5—c4	De2‡
— / Lc7—f4:	Sg6—f4‡ / Kf5, e5	Sd6, bez. Td6† etc.	
— / Da8—d8	Sg6—e7† / Sd7—f6	Df4—f6‡ etc.	
	— / Le8—g6	Df4—f7† etc.	
— / Da8—e4:	Df4—e4‡ / Ke6—f6	Sg6—h4† / ~	Dh7, De7, Tg6‡
— / Sd7—f6	Df4—f6‡ / Ke6—d5	Th6—h5‡ etc.	
— / Le8—g6:	Th6—g6‡ / Ke6—d5	Tg7—d7‡ etc.	
— / Th5—h6:	Dh4—g4† / Ke6—d5	Sg6—e7† etc.	
— / Th5—e5	Sg6—e7† / Sd7—f6	Df4—g4† etc.	In dieser Variante scheitert das intendierte 2. Df3! an Tc5:, 3. Sf4† Ke5!
	— / Lc8—g6	Df4—g4† etc.	
— / Lc7—d8	Df4—c5† oder Df4—g4† etc.		

13. H. F. L. Meyer.

1.	2.	3.	4.
Sb7—a5 / Ke4—e5:	Sa5—c6‡ / Ke5—d6	Sb4—a6! / ~	Tg6‡
	— / Ke5—f4	Sb4—d5† / Kf4—e4	Te3‡

1.	2.	3.	4.
		Tf3 oder Sd5 etc.	
	/ Ke5—e4		
/ Kc4—d4	Sb4—c6‡ / Kd4—c5	Tg3—b3 / h6—h5	Tb5‡
	/ Kd4—e4	Tg3—f3 / h6—h5	Lf5‡
/ ~	Sa5—c6: / ~	Tf3 bez. 3. Sd5† etc.	

14. M. Ehrenstein.

1.	2.	3.	4.
Sf7—d6: / Tg7—d7:	Sb4—c6† / Kd4—d5	Ld3—e4† / Kd5—c5, d6:	Lb4‡
	/ Kd4—c5	Ld2—b4† / Kc5—d5, c6:	Le4‡
/ c7—d6:	Td7—d6‡ / Kd4—c5	Le2—f4‡ / Ke5—f6	Sd5‡
	/ Kd4—c5	Td6—c6† / Kc5—d4	Lc3‡
/ f4—g3:	Sd6—f7† / Kd4—c5	Sb4—a6 / Kc5—c6	Se5‡
/ b6—b5	Sd6—b7‡ / Tg7—d7:	g3—f4: / ~	c2—c3‡
/ Sh4—f3	c2—c3† / Kd4—c5	Ld2—f4‡ / Kc5—f6	Se8‡
/ Sh4—g6:	Sd6—c4† / Kd4—c5	Ld2—c3† / Kc5—f5	g3—g4‡
/ Sh4—g2	Sd6—f7† / Kd4—c5	Sb4—a6 / Kc5—c6	Se5‡
/ Tg7—c7	g3—f4: / Tc7—d7:	c2—c3† / Kd4—c5	Se4‡
	/ c7—d6:	c2—c3† / Kd4—c5	Le3‡
	/ Sh4—f5	Sd6—c4† / ~	Lc3‡

15. C. Nadebaum.

1.	2.	3.	4.
Sd6—b5 / h6—g5:	Ld1—c2 / Sh8—f7	Dc8—c6† / ~	Lb3, Le4:‡
	— / Ta1—c1	Lb2—e4‡ / Kd5—e4:	De6‡
— / Ta(h)—d1:	Lg5—e7 / Ld2—b4	Dc8—c6† / Kd5—c6:	Sc7‡
	— / Ta1—c1	Dc8—d7† / Kd5—c4	De6‡
— / Ld2—b4	Ke8—d7 / e4—e3	Ld1—b3† / ~	Dc2, c6‡
	— / Lb4—c5	Dc8—g8† / Sh8—f7	Df7‡
	— / Sh8—f7	Dc8—c6† od. Ld1—b3† etc.	
— / Ta1—c1	Dc8—d7 / Kd5—c4	a2—a3 / ~	De6‡
— / Th1—e1	Dc8—d7† / Kd5—c4	Dd7—e6† / Kc4—b4	Le7‡

16. G. Koblitz.

1.	2.	3.	4.
g2—g3 / Ta8—c8	Tc4—c5 / Lf5—e4	Db4—d4† / ~	L(D)f2‡
	— / Tc8—c5:	Db4—f4† / Ke3—e2	Df2‡
	— / Td1—e1:	Db4—e1‡ / Ke3—d4 (f3)	Df5 (Tf5:)‡
	— / d3—d2	Tc5—e5† / ~	De4, Lf5:, Df4‡
	— / Ke3—e2	Tc5—e5† etc.	
— / Ke3—c2	Tc4—e4† / Ke2—f3!	Te4—e5 / ~	Df4, e4‡

1.	2.	3.	4.
/ Ta8—f8 (Lg6)	Lh3—g2 / d3—d2	Tc4—e4† / ~	De4, c4‡
	Db4—c3† / Ke3—e2	Dc3—e5† etc.	
/ d3—d2	Tc4—f4 / Lh3—g2	Db4—d4† / Ke3—e2	Df2‡
/ Lf5—h3:	Tc4—e4† / Ke3—f3	Tc4—f4† / ~	De4‡
/ Lf5—e6	Tc4—f4† / Kf3—e3	Db4—d4† etc.	
/ Ke3—f3	/ Kf3—e2	Lf1† od. Tf2† etc.	

17. G. Liberali.

1.	2.	3.	4.
Da1—a5 / Dd2—a5:	Tb8—b7 / Tc6—c7	Tb7—b6† / ~	d4—d5 (Tc6:)‡
	/ Tc6—c8†	Sf7—d8† / Ke6—d6	Td7‡
	/ Lc2—f5	Tb7—d7 / ~	Sd8 (g5)‡
	/ f6—f5	Sf7—g5† / Ke6—f6, d6	Sh7, Td7‡
/ f6—f5	Da5—d8 / Dd2—d4:	Dd8—d4: / ~	Sd8 (De5:)‡
/ Dd2—e3:	Th3—e3‡ / Sg6—e5	Te3—e5‡ etc.	

18. C. F. Fiehn.

1.	2.	3.	4.
Se3—g2 / f3—g2:	Sf7—d6‡ / e7—d6:	Da7—f7 / ~	Df7—d5, c4:‡
	/ Ke4—f3	Da7—e3† / Kf3—g4	h2—h3‡
/ Ke4—f5	Sg2—h4‡ / Kf5—g4	Da7—g1† / Kg4—h3	Dg3‡

1.	2.	3.	4.
	/ Kf5—e4	Sf7—d6‡ / ~	De3, c5‡
/ Ke4—d5	Sf7—d6‡ / e7—e6	Sg2—e3† / ~	Dc7‡, c5‡
/ Sa1—b3	Da7—e3† / Ke4—d5	Sf7—c5† / e7—e6	Sf4‡
/ Lc2—d1	Da7—e3† / Ke4—f5	Sg2—h4‡ / Kf5—g4	De6‡
/ e7—e6	Sf7—d6‡ / Ke4—d5	Sg2—e3† / Kd5—d6:	Dc7‡

19. J. Jespersen.

1.	2.	3.	4.
Da5—b4 / Td4—b4:	Tf4—e4‡ / Tb4—e4:	Sg2—f4 / ~	Sg6, Lg3, Td5‡
	/ Ke5—e4:	Sg2—e1 / ~	Sd3‡
/ Tb1—b4:	Tf4—e4‡ / (Ke5—e4:)	Sg2—f4† etc.	
/ Td4—d8:	Db4—c5† / Td8—d5	Tf4—e4‡ / Ke5—e4:	De3‡

20. H. Fischer.

1.	2.	3.	4.
Dc8—a6 / Ld3—a6:	Sd2—b1 / Kd5—c4:	Sb1—c3† / ~	f2—f4‡
	/ Kd5—c5	b2—b4† / ~	Sc3‡
	/ a3—a2	Sb1—c3† / Kd5—c5	b2—b4‡
	/ ~	f2—f4 / ~	Sc3‡
/ b6—b5	f2—f4 / Td7—b7	Te4—d4† / Kd5—c5	b2—b4‡

1.	2.	3.	4.
	— / Ld3—e4:	Td8—d7: / ~	Dc6‡
	— / c6—c5	Da6—a8† etc.	

21. J. Drtina.

1.	2.	3.	4.
Sa4—b6 / e2—e1S	Dg4—g8 / Ke5—f5:	Lh1—e4† / ~	Dd5‡
	— / Ke5—d6:	Dg8—f8† / ~	Sa8, Df6‡
	— / Ke5—d4	Dg8—d5† / Kd4—c3	Sa4‡
— / Ke5—d6:	Dg4—b4‡ / Kd6—c7	Sb6—a8† / ~	Df8‡
— / ~	Dg4—g7† / Ke5—f5:	Dg7—f6† / Kf5—g4	Lf3‡
	— / Ke5—d6:	Dg7—f8† etc.	

22. J. Obermann.

1.	2.	3.	4.
Td2—d6: / Sh8—g6	Dh6—h3 / Sg6—f8	Tc3—c4‡ / ~	Dc8, Dd3‡
	— / Ke5—d6:	Tc3—c4: / ~	Dc6, d3‡
	— / Sg6—e7, e5	Ke7, e5: / ~	De8‡
	— / b7—b5	Dh3—d3 / ~	Dd5, d4‡
	— / ~	Dh3—e6 / ~	Dd5‡ (Tc4‡)
— / Sh8—f7	Tc3—c4‡ / Ke5—e4:	Dh6—f4‡ / ~	Dc1, Dd4‡
	— / Ke5—d6:	Dh6—f8† / ~	Dc5, Dc7‡

1.	2.	3.	4.
 Kc5—d6:	Tc3—c4: Kd6—d7	Dh6—h3† ~	De6, c8‡
	 ~	Df8†, Df4, Dh3	‡
	Dh6—f4: etc.		
 La2—b1			

23. M. Gomolla.

1.	2.	3.	4.
Sf5—e3 Ke5—f4:	Dg8—d5 c6—d5:	Kc3—d4 ~	Tg4‡
	 Te8—e5	Tg6—g4† Kf4—e3:	Dd2‡
 Te8—f8	Dg8—g7† Ke5—f4:	Dg7—h6† Kf4—e5	Te6‡

24. A. Gehlert.

1.	2.	3.	4.
Sf4—d5 La2—d5:	Db6—d6 Ke4—f5	Dd6—e6† ~	Ld3, Lg4:‡
	 Ld5—c6†	Dd6—c6† ~	Ld3, Dc4‡
	 Ke4—d4:	Dd6—b4† Ld5—c4	Dc4‡
 La2—c4	Sd5—c3† Ke4—f5	Db6—e6† etc.	
 e6—d5:	Db6—e6† Ke4—d4:	Lg3—e5† ~	Sg5‡, Dd6‡
 e6—e5	Sd5—c3† Ke4—f5	Le2—d3† e5—e4	Le4‡
 Th3—g3:	Db6—d6 Ke4—d4:	c2—c3† Kd4—c4	De6‡
	 Th1—h5	Sd5—c3† Ke4—f5	Ld3‡
 ~	Db6—e6† Ke4—d4:	Lg3—e5† etc.	

25. S. Pajkr.

1.	2.	3.	4.
Dg2—c2 / Lf7—g6:	Se5—d3 / Kd5—e4:	Dc2—e2† / ~	Sb4, De5‡
	— / Lg6—e4:	Dc2—b3† / Kd5—e6	Se5‡
— / Lf7—e6	Te4—e6: / Se7—e6:	Se5—e6: etc.	

26. Graf Kinsky.

1.	2.	3.	4.
Tf6—f4† / Kg4—f4:	Sf7—e5: / Kf4—e5:	Tb6—f6 / ~	Dd6, Tf5, De3‡
	— / g5—g4	Se5—g6† / ~	e4—e5, La2‡
	— / Le2—g4	Tb6—f6† / ~	De3, Tf5:‡
		Tb6—f6† etc.	
	— / ~		
— / e5—f4:	Tb6—h6: / Dd1—a1	Ld5—e6† / Kg4—f3	Sg5‡
	— / f4—f3	De5—e3 / ~	Le6 (Se5)‡
— / g5—f4:	Tb6—h6: / Tg2—f2	Sf7—e5‡ / Kg4—g5	De7‡
		Ld5—e6† etc.	
	— / Dd1—a1		

27. Dr. F. Mansch.

1.	2.	3.	4.
Tg6—h6 / Ke5—f4	Tg3—g4‡ / Kf4—g4:	Sg5—f7 / Kg4—f4	Th4‡

28. R. Blümel.

1.	2.	3.	4.
Te1—e3 Ke5—f6	Lf8—h6 Kf6—e5	b3—b4 ~	Sf3, Lf4, e4—e5‡
 Ke5—f4	Lf8—h6† Kf4—g4	Te3—g3† Kg4—h4:	Lg5‡
 Ke5—d6	b3—b4 Kd6—c7	Lf8—e7: Kc7—c8	Tc3‡
 Ke5—d4	Sa3—c4 Kd4—c5	Lf8—e7†† ~	a2—a4, Sf3‡

29. D. Lamouroux.

1.	2.	3.	4.
Lh8—g7 Lc6—e4	Dc3—f3 Kc5—d4:	Df3—c3† Kd4—c3:	Sb5††
	 Sb2—d3†	Se1—d3†† ~	Sb5††, Df4‡
	 Sf4—d6:	Lg7—f6†† etc.	
 Df7—g7:	Se1—f3† Lc6—f3:	Td4—e4† Ke5—d6:	Te4—e6‡
 Td7—d6:	Td4—d5† Ke5—f4	Dc3—f3† Kf4—g5:	Dg3‡

Ba6 verhindert eine Nebenlösung durch 1. Dd2 (Sd3†) 2. Sd3†† 3. Sb4† 4. Sa6‡.

30. Dr. G. Fano.

1.	2.	3.	4.
Le5—f6 g5—f4:	a3—a4 Kc5—d5	Sd6—c4 ~	Sc3, Sf4:‡
	 Kc5—d6:	Se2—f4: ~	Le7‡
	 Kc5—b4	Sd6—b7: ~	Le7‡
 Kc5—d6:	Se2—g3: g5—f4:	Sg3—f5† Kd6—c5	Te5‡

1.	2.	3.	4.
		Lf6—e7†	Te5‡
	Sh1—g3:	Kd6—d5	
	Sc2—e3	Te3—e5†	Le7‡, Sf5‡
Sh1—f2	d4—e3:	~	

31. R. Sahlberg.

1.	2.	3.	4.
Ld8—h4	Ka1—a2!	Td2—d5:	De4(b5)‡
Le6—d5	e4—e3†	~	
		Sd1—e3: etc.	
	Sb1—c3†		
	Sd1—e3	e2—b3: etc.	
Sb1—d2:	Sd2—b3†		

32. Dr. R. Suchier.

1.	2.	3.	4.
La7—d4:	Se4—d6†	Ld4—c5†	Db5:, Dd6, Lc3 (a1)‡
Ke6—e7	Ke7—d6:	~	
		Sf6—h7†	Te8‡
	Ke7—f8	Kf8—g8	
		Sd6—f5†	g6—g7‡
	Dc8—e6	Ke7—f8	
	Se4—d6	Dd3—a3†	Dc5‡
b5—a4:	Ke6—d6:	~	
	Dd3—h3†	Ld4—c5† etc.	
Dc8—d7	Ke6—e7		
	Se4—d6†	Ld4—f2	a4—b5:, Dd5:‡
Dc8—c7	Ke6—d6:	~	
	Se4—c5†	Sf6—e8†	Db5‡
La2—d5	Ke6—d6	Kd6—e6	
	Se4—f6	Ld4—c5†	Db5‡, Dd6, La1‡
Ld8—f6:	Ke6—d6	~	
	Se4—d2†	Ld4—e3†	Lg5‡
Ke6—f5	Kf5—f4	Kf4—e5, g3	

Die letztere Variante ist durch 2. Sd6† zu umgehen.

33. A. Euchler.

1.	2.	3.	4.
Sd3—b2 / La8~	Da1—d1† / Kd4—e5:	Dd1—d4† / ~	Lf6, Df6‡
— / Kd4—e5:	Da1—e1† / Ke5—f5	Dc1—e7 / ~	Df6‡
	— / Ke5—d6	De1—e7† / Kd6—c6	Dc5‡

34. A. Adama.

1.	2.	3.	4.
Lf2—c5 / Tb5—b7	Dh3—e6 / Ld7—e6:	d6—d7† / Kf8—f7	d7—d8S‡
— / Ld7—h3:	d6—d7† / Tb5—c5:	d7—d8D† / Kf8—f7	De8‡
— / Tb5—c5:	Dh3—d7: / Tc5—c7	Dd7—c7: / f3—f2!	De7‡

35. J. Horany.

1.	2.	3.	4.
Da8—h8 / c7—c5	Kh1—g2 / ~	Dh8—h1 / ~	Da1‡

36. A. Steinschneider.

1.	2.	3.	4.
Da2—e6: / Sd8—c6:	d2—d3† / Kc4—e5:	Td7—d5† / Kc5—d5:	Tf5‡
— / Tg7—f7!	De6—d5† / Ke4—f5	Se5—g4† / Kf5—g4:	Dg5‡
— / g5—h4†	Se5—g4† / Ke4—d3	Sd1—f2† / Kd3—d2:	De3‡

37. C. Dahl.

1.	2.	3.	4.
Ta4—a6 / Kb2—a1 (c1)	Ta6—a3 / Kb2	Ta3—b3† / ~	Tb1‡

1.	2.	3.	4.
Kb2—c3	Sb4—d3 Kc3—c2	Ta6—b6 Kc2—c3	Tc6‡
	Kc3—c4	Ta6—b6 Kc4—d5:	Lf7‡

38. M. Spier.

a2—a3 Kc6—c5:	Dc8—c7‡ Kc5—d4:	Dc7—c3‡ ~	Se2, Dc5‡
e6—e5	Dc8—a8† Kc6—d7	Da8—d5‡ etc.	
	Kc6—c5:	Td4—d5‡ etc.	
Ld5—b3	Td4—d7 Lb3—a4:	Dc8—c7‡ etc.	
Ld5—e4	Td4—d7 Kc6—c5:	Dc8—c7‡ Le4—c6	Da7‡

39. M. Kappelaro.

Le4—d3 Kd6—c5	Ld8—c7† Kc5—d4	Sh6—f5† Kd4—c5	Ld6‡
Kd6—c5	Ld8—e7† (intendiert) oder La5 etc. Eine Umgehung, welche durch den später zugefügten Bb3 beseitigt ist.		
Kd6—d7	Ld8—f6: Kd7—d6	Sh6—f5† ~	Le7, Lb5‡
	Kd7—e8	Ld3—b5† Ke8—f8	S‡
f6—f5	Sh6—f7† Kd6—c5	Ld8—a5 Kc5—d4	Lb6‡

40. J. Klaver.

Dh1—d5 c6—d5:	Tc2—c7† Kb7—a8	a5—b6: ~	Ta7, Tg8:‡

1.	2.	3.	4.
— / Tb6—b3‡	Dd5—b3‡ / Kb7—c8	Tg8‡ etc.	
— / d3—c2:	Dd5—d7† / Kb7—a8	Tg8‡ etc.	

41. A. Stein.

1.	2.	3.	4.
Sd7—e5 / Ke7—f6	Da5—d8† / Kf6—e5	Dd8—d4† / Ke5—d4:	f2—f4‡
— / Ke7—d6	Da5—a7: / Kd6—e5	Dd4† etc.	
	— / f5—f4	Sc3—b5† / ~	Dd4‡
— / g6—g5	Da5—c7† / Ke7—f6	Sc3—d5† / e6—d5:	Dd6‡

42. P. Randell.

1.	2.	3.	4.
Ta1—d1 / Ke2—f2	Ke4—f4 / Kf2—e2	Se6—d4† / Ke2—f2	Tf1‡

In analoger Weise erfolgt diese Matführung auch mit 1. Ta1—f1 auf der andern Seite.

43. R. Wassiljew.

1.	2.	3.	4.
De8—g8 / Kc4—d4	Dg8—g1† / Kd4—d3	Ld7—b5† / ~	Dc1, De3‡
	— / Kd4—e5	Dg1—g5† / ~	Dd5, De3‡
— / Kc4—c5	Dg8—g1† / Kc5—b4	a2—a3† / ~	Da7, Lb5‡
	— / Te6—e3	Dg1—e3‡ / Kc5—b4	Dc3‡
— / Kc4—c3	Ld7—b5† / Kd3—d2:	Dg8—e6: / ~	De2‡

44. A. Perna.

1.	2.	3.	4.
Te8—e7 / d7—d6	Te7—e8 / d6—d5	Te8—e7 / d5—d4 od. ~	Dh1‡, Dd5‡, d3‡

45. R. Meyer.

1.	2.	3.	4.
Lh3—g2 / Ke6—d5	Sf3—e5+ / Kd5—e6	Se5—c6 / ~	Sd4‡

46. Dr. R. Parthey.

1.	2.	3.	4.
Sh5—g7 / Ke5—d4	d2—d3 / Kd4—e5	Lc1—f4+ / Ke5—d4	Se6‡
f5—f4	d2—d4+ / Ke5—d4:	Lc1—f4 / ~	Se6‡
Lb6—e3	d2—d3 / Sd6—b5	Dc6—e6† / Ke5—d4	Le3‡
Sd6—e8	d2—d4+ / Ke5—d4	Se6† etc.	

47. M. Rüdiger.

1.	2.	3.	4.
c4—c5 / b6—b5:	Sd6—b5† / Ka7—b8	c5—c6 / ~	a6—a7‡
b6—c5:	Sd6—c8† / Ka7—b8	d5—d6 / ~	a6—a7‡
~	Sd6—b5+ / Ka7—b8	c5—c6 etc.	

C. Dreizüger.

1. Fr. af Geijersstam.

1.	2.	3.
Df6—h8 / Th7—h8:	Se5—d7 / ~	Sc5, Sf6‡
— / Tg8—h8:	Se5—g4: / ~	Sf2, Sf6‡
— / Db8—c7	Se5—g4: / ~	De5, Sf6‡
— / Db8—d6:	Dh8—h7† / ~	Dh1‡

2. H. Aschehoug.

1.	2.	3.
Sa5—b7 / Ke5—d4:	Sd5—b4! / ~	Dc3, Df4:, Sc6‡
— / Tg4—d4:	Df3—h5† / Ke5—e4	Sc5‡
— / e6—d5:	Td4—d5† / Ke5—e6	Sd8‡

3. Fr. Hubert.

1.	2.	3.
Sh5—f6 / d5—d4!	Da7—a6! / ~	Lc4, Lc7‡
— / Ke5—f6:	Lb6—d4† / Se6—d4:	De7‡
— / Se6—g7:	Lb6—d4† / ~	Dd7‡
— / Ke5—d6	Da7—e7† / ~	Tg5, De6‡

4. J. Berger.

1.	2.	3.
Kg7—f8! Dc2—b3:	Da2—h2 ~	Dh8‡
a4—b3:	Da2—a7 ~	Dg7‡
Dc2—c4:	Sc5—d7† Ke5—e6	Sb3—c5‡
~	Sc5—d7† bezw. Kf8—e7 etc.	

5. O. Löbbecke.

1.	2.	3.
Sd4—c6 Sd2—e4	Df6—d4† c5—d4:	Se7‡
Kd5—c4:	Df6—d4† c5—d4:	Sb4‡
Sd2—c4:	Df6—f3‡ Kd5—d6	Td8‡
Sd2—b1	Tc8—d8† ~	Df3:, De5, Sa5:‡
Sd2—b3	Sc4—d6 ~	De5, Dd8‡
Kd5—c4	Df6—g6† ~	Dd3, Dg4‡
Sg2~	Df6—f4 ~	Se3:, Se7, g8D‡
e6—e5	Sc4—d6 ~	De5, g8D‡
e3—f2:	Sc4—d2: ~	Dd8, De5‡

6. J. Hintzpeter.

1.	2.	3.
Lg3—f2 h2—h1D	Dg5—c5† ~	Tc3, Te6‡

1.	2.	3.
 d4—e3:	Dg5—e3: ~	Dc3, De8, Dc5‡
 d4—d3	Te3—e6 ~	Dc5, Dd5:, Dc1‡
 Se7—f5	Dg5—g2† ~	Tc3, Dd5:‡

7. R. Schulder.

1.	2.	3.
Ld3—f5 Le2—d3!	Lf5—h7 ~	Lg8, Db3:‡
 h5—h4	Lf5—d7: ~	Dc6‡
 Kd5—c4	Sg3—f1 ~	Se3‡

8. G. Chocholouš.

1.	2.	3.
Sb7—d8 Ke4—d5:	Df1—e2 ~	c2—c4, Dd3‡
 Ke4—e5:	Df1—f4† Ke5—d5:	c2—c4‡
 Sf8—e6	Df1—d3† Ke4—e5:	Sf7‡
 g6—g5	Df1—e2† ~	Se7 (c2—c4)‡

9. L. Noack.

1.	2.	3.
Dh3—h7 b3—c2:	Dh7—b7† ~	Dh1:, Db2‡
 Ta1—a3	Tc2—d2† Kb1—c1	Lb2‡
 b3—b2 (Ta2)	Tc2—b2† ~	Dc2, Tb1‡
 Ta1, Th1~	Tc2 entsprechend,	‡

10. J. Dobruský.

1.	2.	3.
Sg2—h4 La6—c8	Df3—e4+ Se5—e4:	Sd3‡
h7—h5	Df3—f5+ Tg5—f5:	Sg6‡
Lg3—h4:	Df3—f4+ Ke5—f4:	Tf6‡
Lg3—f2	Df3—f4+ Ke5—f4:	Td4‡
Dg8—c4	Td6—d7+ Ke5—e6	Df7‡
Dg8—b8:	Df3—d5+ Ke5—f4	Sg2‡
~	Sf2—g4+ Tg5—g4:	Df5‡

11. V. Mieses.

1.	2.	3.
Da4—c4 Ld6~b8(h2)	Dc4—d3+ Ke4—d3:	Se5‡
Ld6~f8 (a3)	Dc4—d4+ Ke4—d4:	Tf4‡
Dg8—c4:	Sd7—f6+ Ke4—e5	Dg4‡
Lh7—f5:	Sd7—f6+ Ke4—e5	Tf5‡
Dg8—f7	Sd7—f6+ ~	Dd5 (Sg4)‡

12. Ch. Kondelik.

1.	2.	3.
Dh8—f8 Se5—c6	Df8—d6+ ~	Sb6‡
Se5—c4	Df8—c5+ ~	Sb4, Df5:‡

1.	2.	3.
——— / Kd5—e5 (c5)	d7—d8S† / ~	Sb6‡
——— / Se5—d7:	Sa6—b4† / ~	c2—d3:, Dc7‡
——— / Se5—g4:	Sa6—b4† / ~	Dd6‡, Sb6‡

13. Fr. Dubbe.

1.	2.	3.
Dh6—h1 / Sg3—h1:	Tf6—d6 / ~	Sb6, Td4‡
——— / d7—d5	Dh1—e1 / ~	d2—d3, Tc6:, De6‡
——— / Le8—f7	Tf6—c6† / ~	Dc6#
——— / Sg3—e2	Dh1—e4† / Se2—d4	Dd4#
——— / Sh7—f6:	Dh1—f3 / ~	Dd3‡
——— / g5—g4	Tf6—f4† / Sg3—e4	Te4#

14. C. F. Fiehn.

1.	2.	3.
Da8—a6 / Ke4—f5	Da6—g6† / Kf5—g6:	Se7‡
——— / Ke4—f3	Da6—g6 / ~	Dg2, Ld1‡
——— / La1—c3:	Da6—e2† / Ke4—f5, d4	Lc2, De3‡
——— / Ta3—b3:	Da6—c4† / ~	Se7, Df4‡

15. L. Wetešnik.

1.	2.	3.
Lh2—c7 f2—f1 D	Dh3—e3+ ~	Le5, De5‡
— Ta1—d1:	Dh3—h8+ ~	De5‡
— c4—c3	Lc7—d6 ~	Dd3‡
— a6—b5:	Dh3—e6: ~	De5, Lb6‡
— Kd4—d5, c5	Dh3—h5+ ~	Ld8, De5‡

16. Schrüfer.

1.	2.	3.
Dg2—d2 La5—d2:	c2—c4+ ~	Sb4, Se5‡
— c7—c5	Dd6—h6 ~	De6, Sf4‡
— Sa7—b5	c2—c4+ c4—d3:	Sb4‡
— Kd5—c6	Sd3—e5+ ~	c2—c4, Dd3‡

17. M. Ehrenstein.

1.	2.	3.
Dd1—d8 f7—e6:	Dd8—f6+ ~	Sg6, Te2, De6:‡
— c5—c4	Tf2—e2+ Ke5—f4:	Dc7‡
— f6—f5	Sf4—h5 ~	Te2, Dd5‡
— g5—g4	Sf4—d3+ ~	Tf6:, Dd5, Te2‡
— Ke5—e4	Tf2—e2+ Ke4—f4:	Dc7‡

18. A. Engerth.

1.	2.	3.
Lb8—a7 / Kd5—c4	Sb5—c7 / ∼	Sa5, Dc3‡
— / Kd5—c6	Sb5—c7 / ∼	Sa5, Db6:‡
— / Kd5—e4	Db2—d4† / Ke4—f5	Dd3‡
— / Tb6—b7:	Db2—d4† / Kd5—c6	Dc4‡
— / Tb6—b5:	Db2—b5‡ / Kd5—e4	Sd6‡
— / Tb6∼	Sb5—c3† / Kd5—c6, c4	Db5‡

19. K. Bayer.

1.	2.	3.
Dc8—c4 / d5—c4:	Sg8—f6† / ∼	Sc6, Ld6‡
— / Ke4—f4	Dc4—d5: / ∼	Df3, De4, Dd4:, Df5:‡
— / b5—b4	Sg8—f6† / Ke4—f4	Df1‡
— / Dh7—f5:	Dc4—d3† / Ke4—f4	Df5‡
— / La1—d4:	Dc4—d5‡ / Ke4—f4	Dd4‡

20. J. Drtina.

1.	2.	3.
De1—d2 / Sb6—d5	Dd2—d4† / ∼	Sg6, Sf3:‡
— / Ta5—d5:	Dd2—f4† / ∼	Sg6, Sf3:‡

1.	2.	3.
— / Ke5—f6	Dd2—g5+ / Kf6—f7	Lg6‡
— / Sb6, Ta5~	Sh4—g6+ / Ke5—f6	Df4‡
— / Lg8—f7	Sh4—f3‡ (De3) / Ke5—f6	Dg5‡

21. C. May.

1.	2.	3.
Kd8—e7 / Tb1—b7‡	Ke7—f6 / ~	Se2 (d3)‡
— / Lg3—e1:	Sc1—e2+ / ~	Dd5, De4‡
— / Tb1—c1:	Db7—e4+ / Kf4—g5	Dg4‡
— / Lf7—e6:	Ke7—f6 / ~	Se2, De4‡

22. M. Kappelaro.

1.	2.	3.
Se6—c5 / Lh7—g6:	Sh2—g4+ / ~	Le3, Le6, Le8‡
— / Ke5—f5	Tg6—e6 / ~	Lb1‡
— / Ke5—d4	Sh2—f3+ / Kd4—e5:	Lf8‡
— / ~	Sh2—f3+ / Ke5—f5	Lb1‡

23. W. Jensen.

1.	2.	3.
Tb6—b3 / Sd2—b3:	De7—e5+ / ~	Sg5, Df3‡
— / Ke4—d5:	De7—e6+ / ~	Tb6, De6‡

1.	2.	3.
— / Sd2—f3:	Dc7—f4† / ~	Te3, Td6‡
— / Ke4—f3:	Dc7—f4† / Kf3—e2	Sc3‡
— / Sc3—c4	Td1—d3: / ~	Td4, Df4‡
— / Tg1—e1	Td1—e1‡ / ~	Td3:, Df4, De5‡

24. J. Barsdorf.

1.	2.	3.
Sh3—f2 / Ke5—f6	Dc4—c4 / ~	Sg4, De6, Lg7‡
— / Sd5—e3:	Dc4—f4† / ~	Ld6, Dd6‡
— / Sc2—e3:	Dc4—d4† / Ke5—d4:	Sf3‡
— / Sd5—c7:	Dc4—d5† / ~	Lg7, Dd6‡
— / ~	Dc4—e4† etc.	

25. G. Liberali.

1.	2.	3.
Lb3—c6: / f7—e6:	Db1—f5 / ~	Td5, Dc6‡
— / Sd1—c3	Db1—b5 / ~	Td5, Sc8, Dc5:‡
— / Kd6—e5:	Db1—f5† / ~	Sb5, De5‡

26. D. Clark.

1.	2.	3.
Le7—d6 / Lc7—d6:	Tc8—e5 / ~	Db2, Sc6‡

27. D. Lamouroux.

1.	2.	3.
Dh5—h3 Lc1—c3	Dh3—d7 ~	Tb2, Se4, Dc6, Db5, Se7‡
 Kc5—d6:	Tb4—c4† ~	Tc6, Sb5‡
 Lc1—b2†	Tb4—b2‡ Kc5—d4:	Td2‡
 Lc1—f4:	Tb4—b3† Kc5—d4:	Db3‡
 Lc1—a3:	Dh3—c3† Kc5—d6:	Dc6‡
 Lc1—d2	Tb4—b5† Kc5—d4:	Lc5‡
 Te7—f7:	Sd6—e4† Kc5—d5:	Dc6‡
 Sc8—d6:	Dh3—c3† Sd6—c4	Tb5‡

28. H. Fischer.

1.	2.	3.
Td8—d5 e6—d5:	Tg5—c5† Sc4—c5:	Sd6‡
 Lb7—a6	Tg5—g4† Ke4—d5:	Sc7‡
 ~	Tc5† etc.	

29. F. Kuntze.

1.	2.	3.
Da1—a8 Ke5—d4	Tb8—b2 ~	Dh8‡
 Kc5—f6	Da8—c4 ~	Se4:, Dh4, Tg6:
 ~	Da8—c4 (d5:)† etc.	

30. Graf Pongrácz.

1.	2.	3.
Sd4—f5 / Kd5—c6	Sf5—e7 / ~	Dc8, Dg1, b2—b4‡
— / Lh8—f6:	Sf5—e3† / ~	Dc8‡
— / ~	Sf5—e7† mit entspr. Schlusszug.	

31. A. Euchler.

1.	2.	3.
Se6—f4: / Lc1—d2	Dg4—f5† / ~	Tb5, Se2, Dd5‡
— / f6—f5	Dg4—g7† / Ke5—d6	Dc7‡
— / K~	Dg4—d7† / ~	Se2, Se6, Dd5‡

32. J. Horany.

1.	2.	3.
Ka5—a6 / b5—b4	Ka6—a7: / ~	Da6, Sc5‡

33. H. F. L. Meyer.

1.	2.	3.
d7—d8S / a2—a1S	Sd8—e6 / f7—e6:	Sg6‡
— / a2—a1D	Sd8—f7: / ~	Sg6‡

34. Dr. Fano.

1.	2.	3.
Sf7—d8 / e6—e5!	Tg6—d6 / ~	Sb7, Se6, Td5‡
— / Kc5—d4:	Sd8—e6† / Kd4—e5	Lf4‡

1.	2.	3.
— / Kc5—d6	Sd8—b7† / Kd6—e5	Sf3‡
— / Sa7—c6	Sd8—c6: / ~	Lb4‡

35. M. Gomolla.

1.	2.	3.
Dh8—h6 / g4—h3:	Te3—f3: / ~	Df4, Df6‡
— / f3—e2:	Dh6—f6† / ~	Dc3‡
— / e3—e2	Te3—e4‡ / ~	Dd2, Df4, De3‡
— / La2—b1	g7—g8D / ~	Dd5‡
— / Kd4—e5	Te3—e4‡ / Ke5—e4:	Df4‡

36. A. Stein.

1.	2.	3.
Sd8—c6 / Kc4—b5	Dh5—c5‡ / d6—c5:	Sa3‡
— / Kc4—b3	Dh5—d1 / ~	Sa3:, Sa5‡
— / Kc4—d3	Dh5—d1† / ~	Df3 (Sa3:)‡
— / ~	Dh5—e2† / Kc4—b3 (d5)	Sa5, Se7‡

37. J. G. Chancellor.

1.	2.	3.
Dh7—c7 / Ke4—d3:	De7—g3† / ~	Sb6, Sc3‡
— / Ke4—d5:	Le8—c6† / Kd5—c4	Tc3 (Sb2)‡

1.	2.	3.
— / Sh6—f5:	Sa4—c6† / Ke4—d5:	Lf7‡
— / c5—c4	Sa4—c3† / Ke4—d3:	Dg3‡

38. M. Singer.

1.	2.	3.
Da4—b3 / Kc5—d4	Sg2—h4 / Kd4—e4	Dc4‡

39. A. Adama.

1.	2.	3.
Sd5—f4 / Ke5—f4:	Td6—d4† / ~	Sf6, Sc5:‡
— / Ke5—f5	Se4—f2† / ~	Te5, Te4‡
— / g5—f4:	Sc4—c5: / ~	Td2, Kf3, Td5, Sd7‡
— / Ta5—a2	Se4—d2 / ~	Td2:, Td5, Kf3‡

40. J. Klaver.

1.	2.	3.
Ta1—a4 / Sb4—d5†	Sc4—b6† / ~	Da4:, Dd3‡
— / Lc6—a8:	Sc4—d2† / e3—d2:	Dd3‡
— / Lc6—d5	Dd7—d5† / Sb4—d5†	Sb6‡
— / f4—f3	e2—f3† / Ke4—f4	Df5‡

41. A. Achille.

1.	2.	3.
Sc5—e4 / Kd5—c6	Se4—f6 / ~	Db6‡
— / d6—d5	Db8—b7† / ~	Dc6, Df7‡

1.	2.	3.
— / Kd5—c4	Db8—g8† / d7—d5	Dc8‡
— / Kd5—e6	Db8—d6† / Ke6—f5	Dg6‡
— / Kd5—e4:	Db8—e5† / Ke4—f3:	Df4‡
— / ~	Sc4—f6† / ~	De5, Dc7, Db6‡

42. H. Hampton.

1.	2.	3.
Ta3—a4 / g3—h2:	Ta4—e4† / ~	Te6‡
— / Ke5—f6	Le3—g5† / Kf6—e5	Sf7‡
— / Sd5—f4	Le3—f4‡ etc.	

43. Dr. Parthey.

1.	2.	3.
h4—h5 / Lh6—c1:	d3—d4† / Ke5—f5	Sd6‡
— / Ke5—f5	g3—g4† / Kf5—e5	d3—d4‡
— / Te7—e6	d3—d4† / Kf5—e5	g3—g4‡

44. R. Wassiljew.

1.	2.	3.
Dg2—f1 / Sd2—f1:	Sa5—b3† / ~	Tc5, Sc5‡
— / Ta6—a5:	Df1—a1† / ~	Tc5, Sc5‡
— / Ta6—c6	Th5—d5† / Kd4—d5:	Dd3‡
— / b7—b6	Df1—a1† / Kd4—e4	Sf6‡

Wildmungsproblem von J. Berger.

1.	2.	3.	4.
Tc5—e6 / Tf6—e6:	Sc4—e5 / Kd4—e5:	f3—f4† / ~	Df8, Db4, Dg3 ‡
	— / Sh4—g2 (f5)	f3—f4 / ~	Db4. Db2, De3 ‡
— / Kd4—c4:	Lc2—d3† / Kc4—d4	Te5—e3 / ~	Db4, Db2 ‡
— / Sh4—g2	Sc4—e5 / Tf5—e5:	f3—f4 etc.	

Widmungsproblem von G. Chocholouš.

1.	2.	3.	4.
Sa3—b5 / Sd8—b7	Sb5—d4 / Lf3 ~	Sd7—f6‡ / Ke4—e5	f2—f4 ‡
	— / Sb7—c5	Dd2—c3† / Ke4—d5	Sb6 ‡
	— / ~ (Kd5)	Dd2—d3 (†) / ~	c2—c4 ‡
— / Ke4—f5	Sb5—d6‡ / Kf5—e6	f7—f8S† / Ke6—e7	g5—f6‡
— / Sd8—f7:	Dd2—e3† / Ke4—d5	c2—c4† / ~	Sb8, Db3 ‡
	— / Ke4—f5	Sb6—d4† / ~	Sf8, Sf6: ‡
— / Lf3—d1	Sb5—d6‡ / Ke4—f3	Dd2—e3† / Kf3—g4	Sf6‡

Widmungsproblem von F. Hubert.

1.	2.	3.	4.
Th6—f6 / Lh7—f5	Da1—b1 / Lf5—e6!	Ke7—d8! / ~	De4, Dh1, Db7, Td6 ‡
	— / Lf5—b1:	f2—f3 / ~	Td6 ‡
	— / Sc1—d3	Db1—h1† / Lf5—e4	Td6 ‡

Widmungsproblem von Ch. Kondelik.

1.	2.	3.	4.
Sc2—e3 / Ta5—a1	Df8—a8† / Ta1—a8:	Se3—f1 / ~	Sg3, Sd2‡
	— / Th8—a8:	Sf4—h5: / ~	Sf6, Sg3‡
	— / Sb6—a8:	Se3—c4 / ~	Sd2, Sd6‡
	— / Sc7—a8:	Sf4—e6 / ~	Sc5, Sg5‡
— / Sb6—d5	Se3—f1 / Sd5—f4:	Sf1—d2† / Ke4—d5	Dd6‡
		Sc4:, Se6, Sh5: etc.	
— / Lh1—g2	Df8—a8‡ / ~		
— / Sb6—d7:	Df8—d6 / Sd7—f6!	Dd6—f6: / ~	Df5‡
	— / Ta8—a6	Se3—f1 / ~	D, S‡
		Dd6—c6† etc.	
	— / ~		
— / h5—h4	Se3—f1 / c4—c3	Kh2—h1: / ~	f2—f3‡
— / Sc7—b5	Df8—c5 / ~	Sf1, bez. Dc6† etc.	
— / Ta8—e8	f7—e8:S / ~	S, D‡	

Entscheidungsgründe.

A. Fünfzüger.

Die Lösung und Durcharbeitung dieser Probleme hat uns naturgemäß mehr Mühe verursacht, als dies bei allen übrigen der Fall war, und namentlich waren es die Nummern 31, 35, 39, 58 und 20, welche wir als besonders schwierig erkannten. Der geneigte Leser erwarte indessen nicht, daß wir ihm über die auf jedes einzelne Problem verwendete Zeit ziffernmäßig Rechenschaft ablegen; weder wollen wir uns von demjenigen, der schneller zu lösen versteht, ob der von uns abgesessenen Stunden bedauern lassen, noch möchten wir von minder glücklichen Lösern der Renommage geziehen werden, und einen andern Wert würden solche Zahlen nicht besitzen, ob sie auch in die Bruchteile von Minuten und Sekunden geführt würden. In der That haben wir auch gar nichts über unsere Lösungszeiten notiert, und nur im Allgemeinen wissen wir von „schwer“ und „leicht“ mit einigen Abstufungen zu berichten. Die oben bezeichneten Stücke also fanden wir „sehr schwer“, und es lag auf der Hand, unter denselben je nach den sonstigen entsprechenden Eigenschaften Preiskandidaten auszuwählen. In betreff des ersten Preises haben wir auch alle drei gar kein Bedenken gehabt, denn die imposante Schönheit von Nr. 31 war uns so einleuchtend, die Anlage erschien uns so vorzüglich, die beiden ersten Züge und ihre Drohung so trefflich erdacht und durchgeführt, daß wir diese Nummer ohne weiteres obenanstellten, und auch bei späteren Revisionen und Vergleichen in dieser Wahl nie zweifelhaft geworden sind. Die Idee des Problemes besteht wesentlich in der successiven Räumung der Linien f3—b7—b1, während das Opfer des Turmes auf g6 zur gegenseitigen Verstellung von Th6 und Lh7, sowie die Damenopfer auf e3 und e4 mit jenem einfachen, aber in seiner komplizierten Verästung großartig durchgeführten Gedanken als Verschönerungsmomente innig verwebt sind. Sehr schön wird die Kette der verstellenden Offiziere am äußersten Ende (b3) gelüftet, zugleich durch Öffnung eines scheinbar wichtigen Ausgangsthores die Chancen des Verteidigungsspieles noch vermehrend. Keines dieser Elemente ist neu: die Linienräumung haben wir wiederholt, die Turm-Läufer-Verstellung häufig, und ähnliche Damenopfer zu Tausenden .gesehen; selbst die Schlußwendung ist uns wohlbekannt und zwar aus einer Komposition des Verfassers selbst[1], welche in dem bekannten Brentano-Turniere einen wohlverdienten Preis davontrug. Und dennoch macht das Problem den Eindruck des Originellen, Neuen: die Vereinigung aller dieser Teile zu einem schönen Ganzen verleiht ihm diesen Charakter, und die Tiefe der Anlage bedingt eine gewaltige und absolute Schwierigkeit.

Schwieriger schon wurde uns die Bestimmung des zweiten Preises. Wir hatten zunächst 20 als Kandidaten ausersehen. Indessen war unsere Befriedigung durch dieses Problem doch nur eine geteilte. Schon die äußere Erscheinung desselben mit seinem vertauschten Heerlager ist wenig erbaulich, und die Idee, deren Schwerpunkt in dem sehr feinen Damenopfer des dritten Zuges beruht, schien uns bei aller Schönheit und Eleganz der Schlußwendungen doch der Frische und Originalität zu entbehren. Mindestens aber schien uns zwischen der leichter geschürzten Eleganz von 20 und der Großartigkeit von 31 ein verbindendes Mittelglied zu fehlen, und es bedurfte nur des nachfolgenden entschiedenen Urteiles, mit welchem von einer Seite auf die besonders schöne Idee von 52 aufmerksam gemacht wurde, um uns die Wahl dieser Nummer für den zweiten Preis sofort als eine glückliche Lösung unserer Ungewißheit erscheinen zu lassen. „Ich bin,“ — so lautete der betreffende Bericht, — „von der reizenden Idee vollständig enthusiasmiert worden, und es will mir scheinen, als ob der hohe Reiz derselben wohl geeignet sei, für das Minus an Schwierigkeit reichlichen Ersatz zu bieten. Auch scheint es mir nicht bedeutungslos, daß der Löser lange Zeit durch 1. Sb7 zum Besten gehalten werden kann, und es ist amüsant, daß er nach Erkenntnis des Irrtums (1. .... Se6!) sofort auf den richtigen Weg geleitet wird. Eine besondere Feinheit finde ich auch in dem Umstande, daß das Damenopfer in den wichtigsten Spielen schon im zweiten Zuge vor Sb7 geschehen muß, während es sonst übereinstimmend im dritten Zuge erfolgt. Der Grund dafür ist nicht so ohne weiteres einzusehen, sondern ergiebt sich erst nach reiflichem Nachdenken. Die Hauptsache aber ist und bleibt mir die reizende Vielseitigkeit von analogen Matwendungen durch zwei Springer auf dem rechten Flügel, von denen wenigstens vier von tadelloser Schönheit sind. Wenn nicht 3. .... d3—d2! durch die Umgehung

[1] Die Stellung derselben ist folgende:
Weiß: Kc1. Da4. Ta6. Lh3. Sc2, g6.
Schwarz: Kd3. Lb8. Sc7, e7. Bb4, c5, c3, h4.
Mat in 4 Zügen durch: 1. Db3 Sa6: 2. Df7 Sf5 3. Lf1† 4. Db7 ‡.

4. Sc5 statt 4. Se7† entfiele, so sähe ich in diesem schön abgerundeten Probleme sogar einen gefährlichen Konkurrenten unseres Primus 31; so wie die Sache liegt, trage ich aber kein Bedenken, dasselbe dicht dahinter zu stellen und es vor allen übrigen Stücken auszuzeichnen." Diese Lobrede zu Gunsten von 52 enthielt zu viel des Richtigen, als daß wir beiden andern nicht hätten zustimmen müssen, und wir acceptierten den in derselben enthaltenen Vorschlag um so lieber, als damit einem längeren Schwanken ein Ende gemacht wurde. Erwägen wir aber zu den schon erwähnten Vorzügen die eminente Kunstfertigkeit, welche in der Konstruktion und Beherrschung eines so ausgedehnten Matnetzes zu Tage tritt und in der feinen Anlage stiller Drohungen von der Zügezahl des Problemes gipfelt, so erkennen wir auch jetzt noch die getroffene Wahl als eine recht glückliche an.

Die fernere Reihenfolge festzusetzen, wurde uns schon leichter: die für den zweiten Platz angezweifelte Nr. 20 erschien uns für die dritte Stelle ganz unbedenklich geeignet, und es bedarf hier wohl keiner weiteren Ausführung ihrer vorhin erwähnten Vorzüge, wenn wir hinzufügen, daß das Damenopfer deshalb als der Schwerpunkt des Problemes zu bezeichnen ist, weil nach diesem so bedeutenden, in zweifacher Richtung wirkenden Vorbereitungszuge die vierfache Schlußwendung selbst in ihrer tadellosen Schönheit noch schärfer hervortritt und ihrerseits an Bedeutung gewinnt. Für den vierten Preis glaubten wir die stylverwandte Nr. 58 mit einem geringen Übergewicht vor 61 folgen lassen zu müssen. Sie ist nicht ganz tadellos: der nahezu gebotene erste Zug ist nur mangelhaft begründet, doch führt er wenigstens e i n e fünfzügige Variante mit sich und bringt die Dame in die für das Hauptspiel notwendige Stellung; weniger brachten wir in Anschlag, daß die Schlußwendung an einer geringfügigen Unsauberkeit leidet, da dieselbe in der Idee begründet ist. Wenn nun allerdings bei 61 sowohl Einleitung, als Variantenspiel großartiger ist, so besteht gleichwohl ein Übergewicht von 58 in der Idee beider Probleme, und da ist vor allem die ideegemäße Zustopfung der d-Linie und ihre schließliche Wiederfreilegung beim Matzuge in 58 höchst anerkennenswert ausgeführt. Ferner sind deren beide Hauptspiele durchaus zusammengehörig und an sich wertvoll, enthalten auch keinerlei matten Züge, sondern es steigert sich das Interesse fortwährend gegen das Ende hin. Betrachtet man dagegen die analogen Parallelspiele in 61, so liegt der Schwerpunkt bereits in den einleitenden Damenopfern, während der dritte wie der vierte Zug eine Abschwächung bedeuten, gleich etwas matteren Zwischenakten, welche die Handlung passieren muß, um zum Abschlusse zu gelangen; und auch dieser Abschluß ist bei 61 nur in einer Wendung (4. .... Kd4), welche alle Offiziere beansprucht, von größerer Bedeutung. Selbstverständlich aber bleibt 61 hervorragend genug, um nach 58 die nächste Stelle einzunehmen. War die Verbindung der beiden Ablenkungsopfer dem Verfasser eben nur durch ein etwas ausgedehntes Schlußspiel möglich, so muß doch schon das großartig angelegte Variantenspiel, welches sich aus dem Einleitungszuge bei der freien Königsstellung ergiebt, sowie der Umstand, daß Weiß in den meisten Fällen noch eines zweiten Einleitungszuges, bzw. Opfers bedarf, und die daraus hervorgehende, erhebliche Schwierigkeit des Ganzen hinreichen, das Werk zu einem Probleme ersten Ranges zu stempeln, obschon verschiedene hübsch intendierte Nebenspiele durch Umgehungen teilweise oder ganz verloren gehen.

Als zwei kaum nachstehende Leistungen belobten wir noch 33 und 35, während wir nach einiger Debatte die später ausführlicher zu besprechende Nr. 39, sowie die leider wegen Unlösbarkeit inzwischen entfallene Nr. 11 zurücktreten ließen. In der Großartigkeit der Idee erreicht 33 seine Vorgänger nicht ganz, aber sie zeichnet sich durch vorzügliche Behandlung eines vielwendigen Variantenspieles aus, und neben dieser ausgedehnten Verzweigung äußerst gefälliger Wendungen, von welchen die auf 2 .... b4 erfolgende der Bedeutung des Hauptspieles fast gleichkommt, bleibt das letztere mit seinem kecken Springermanöver und seinen fortgesetzt stillen Zügen bemerkenswert genug, um schon für sich die zuerkannte Auszeichnung reichlich zu verdienen. An Schwierigkeit steht 33 wenigstens nicht hinter 20 und 58 zurück; namentlich kommt 1. Sc5—d7 als sehr starkes Verführungsspiel in Betracht. Durch eine noch bedeutendere, ja ungewöhnliche Widerstandsfähigkeit zeichnet sich aber Nr. 35 aus trotz zweier etwas aggressiver Einleitungszüge, und ebenso auf die ungewöhnlichen Matbilder, als auf die Originalität der Idee und Anlage mag sich jene zurückführen lassen. Die Idee selbst basiert auf einem recht kunstvoll konstruierten Figurenmechanismus, welcher zu zwiefacher Doppelwendung mit gewissermaßen mathematischer Genauigkeit ineinander greift. Zwar ist sie nur vier Züge lang, doch mag auch in diesem Fall der erste Zug, aus welchem sich immerhin einige fünfzügige Nebenspiele ableiten, für existenzberechtigt gelten, da die Komposition als vierzügig noch viel mehr durch einen Einleitungszug wie 1. Tg2 beeinträchtigt würde. Jedenfalls haben wir mit diesem Bedenken die einzige Aussetzung erwähnt, die an diesem interessanten, ganz in der (höchstens an Loyd und Shinkman erinnernden) Eigenart seines Verfassers gehaltenen Werke zu machen ist, kein Löser wird es unbefriedigt zur Seite legen, wenn es ihm gelungen, die bei so durchsichtiger Stellung doppelt überraschende Schwierigkeit zu überwinden, welche uns lebhaft an die Tiefe eines bis zum Grunde klaren Sees erinnert hat.

Wir haben mit diesem Probleme, welches die Reihe unserer Preisträger abschließt, die Zahl vorzüglicher Bewerbungen noch nicht erschöpft. Unter den folgenden sieben vortrefflichen Fünfzügern ist 39, obwohl mit Schach beginnend, der hervorragendste. Die moderne Problemkunst verweist solche starke Angriffszüge im allgemeinen an den Schluß der Kombination und sucht die Einleitung möglichst geräuschlos und unscheinbar zu gestalten. Aber gerade die Gewöhnung an den stillen Einleitungszug ist es, welche bei der Lösung dieses Problemes außerordentlich erschwerend wirkt, zumal die große Feinheit des zweiten und dritten Zuges die Wirkung des Turmschaches nur nach gründlichem Studium erkennen läßt. Die Verlegung der eigentlichen Feinheit an die zweite Stelle bei starker Drohung des ersten Zuges ist eine alte Bayer'sche Eigenschaft; aber diese Art der Einleitung ist bei ihm stets dadurch motiviert, daß er mehrere gehaltvolle Spiele aus derselben ableitet, deren eines sich durch seinen besonders verborgenen Verlauf bei hervorragender Schönheit auszuzeichnen pflegt. Die eigentümliche Art der Schwierigkeit, welche hieraus entspringt, möchten wir bei diesem Probleme fast eine maximale nennen, und selbst 31 ist ihm darin nicht überlegen. Im allgemeinen aber ist den Komponisten nicht zu empfehlen, in dieser Beziehung sich an das Bayer'sche Beispiel zu halten: was dem Genie dieses ausgezeichneten Meisters gelungen ist, wird bei minder großen Talenten nur die Schattenseite hervorkehren: einen derben und nicht immer dem modernen Geschmack genießbaren Einleitungszug.

Bei den folgenden sechs Problemen sei dem geneigten Leser es überlassen, sich seinem Geschmacke entsprechend über die qualitative Reihenfolge selbst ein Urteil zu bilden. Machen sich zunächst 25 (Fiehn) und 38 (Engerth) durch ein ausgedehntes Variantenspiel bemerklich, für welches die verwendeten Mittel vortrefflich ausgenützt erscheinen, so ist andrerseits zu betonen, daß ihr Hauptgewicht mehr auf diesem Umstand, als auf der Bedeutung der eigentlichen Idee beruht, welche bei beiden in in einem ansprechenden, doch nicht durch Originalität oder Schwierigkeit hervorragenden Hauptspiele zum Ausdruck kommt. Bei wesentlich besseren Vorbereitungszügen mag 38 seinem stylverwandten Nachbarn in etwas überlegen sein, erleidet indessen durch die Umgehung seines bedeutendsten Nebenspieles 1. . . . . La5 durch 2. De6 oder a6 anstatt

2. Sd5† eine kleine Einbuße Ganz anderen Schlages ist 40 (Lamouroux). Hier ist der Schwerpunkt in der Originalität der Idee zu suchen. Gleichwohl ist dieselbe nicht mehr neu, denn die Nr. 81 der Problemsammlung von J. Kohtz und C. Kockelkorn behandelt sie in ganz ähnlicher Weise.[1] Hier wie dort bezweckt der Königsmarsch auf der Randlinie eine Linienräumung für die matbietende Dame; nur ist in der älteren Aufgabe dieses Mat frei von jeder Überdeckung und ohne überflüssige Offiziere. Während dort die Drohung mit dem Hauptspiele zusammenfällt, ist in 40 der erste Königszug zunächst als Vorbereitung für die sehr gut angelegte Drohung 2. De4: zu betrachten, und es ist sehr interessant, daß diese Drohung selbst nach dem Gegenzuge 1. .... Se7 in fünfzügiger Variante zur Ausführung kommt. Jedenfalls aber ist hier die Idee so selbständig aufgefaßt und die Anlage eine so gute, daß wir das Problem trotz einiger Härten, die sich für die Matstellung geltend machen, dieser Gruppe einverleiben durften.

Auch das folgende Stück 68 (C. May) hat das Unglück, seiner Idee nach einen Vorläufer zu besitzen, um so gefährlicher für die Beurteilung, als der letztere, eine vorzügliche Aufgabe von Klett aus dem Londoner Problemturnier 1866[2], den gleichen Gedanken in mustergiltiger Form zur Ausführung gebracht hat. Namentlich hat Klett den in 68 sehr störenden Läufer g6, welcher verschiedene Matunreinheiten bedingt, ganz zu entbehren verstanden. Außerdem ist in 68 die Überdeckung des Feldes f4 mißfällig, da hierdurch die Springer nicht zu völlig gleicher, ideegemäßer Ausnützung gelangen. Im übrigen aber ist die Anlage dieses schwierigen Problemes eine sehr anerkennenswerte Leistung, welche namentlich in der schönen Vorbereitung der Schlußwendungen durch den dritten Zug bedeutend wird und deren Wert sich noch durch mehrere gute Varianten erhöht. Einen wesentlich einfacheren Grundgedanken behandelt 71 (Gomolla), aber die klare Pointe und ihre vorzügliche Einleitung, die präzise

---

[1] Stellung: Weiß: Kh4. Dh3. Lc6. Sd1, e0. Bg2.
Schwarz: Ke4. Tc2, d5. Lb1. Sh2. Be5.
Mat in 5 Zügen durch 1. Kh5 La2. 2. Kh6 Lb3, 3. Kh7 La4, 4. Kh8 Lc6: 5. Dh7 ‡.
Vergl. auch Deutsche Schachztg. Nr. 5289 von H. v. Gottschall.
Weiß: Ka5. Ta2, h7. Lc8, d4. Sc1. Ba6, e5.
Schwarz: Ka7. Tb6. Lb8. Sa8, c7. Bb7.
Mat in 5 Zügen durch 1. Ta1 a6:, 2. Ka4 a5, 3. Ka3 a4, 4. Sb3 b3:, 5. Kb2 ‡.

[2] Kletts Probleme Nr. 64. Stellung:
Weiß: Kh1. Db1. Td8. La6. Sc4, d3. Ba3, d2, g3, h5.
Schwarz: Kd4. Ta5, b8. Sa2, b8. Ba4, b6. d5, e5, f6, g4, h6.
Mat in 4 Zügen durch 1. Sc4—e5: Ta6:, 2. Sc5 Ke5: bzw. Kc5:, 3. Df5, Db5† etc.

Durchführung und bedeutende Schwierigkeit des Ganzen vereinigen sich zu einem so harmonischen Gesamteindrucke, daß wir dies liebenswürdige Stückchen unbedenklich schon hier folgen ließen. Nr. 64 (Dr. v. Walther) bietet gewissermaßen ein Gegenstück zu 40: die Idee besteht hier in der successiven Abräumung der vollständig besetzten Diagonale a6—f1. Die Ausführung dieses Gedankens mußte naturgemäß mancherlei Schwierigkeiten begegnen, und der Kritiker darf deshalb unvermeidliche Zugeständnisse an Ökonomie und Matreinheit, wie in 40, wohl etwas milder beurteilen; immerhin lassen wir die Frage offen, ob diese Art von Ideen lohnend genug ist für den Fleiß, den der Verfasser daran zu wenden hat. Trotz der starken Züge, welche für die Durchführung der Idee notwendig waren, zum Teil aber (namentlich 3. c4—c5!) recht glücklich ersonnen sind, stellt das Problem übrigens auch an den Löser ziemlich hohe Anforderungen. Mit Nr. 26 (Wetešnik) ist wiederum der einfachere Stil vertreten, ohne aber die Bedeutung von 71 zu erreichen: eine Anzahl gefälliger und größtenteils sauberer Wendungen und symmetrischer Matbildungen, letztere freilich nicht von der Feinheit und Schwierigkeit, welche z. B. den Fünfzüger 35 in hohem Grade auszeichnet und welche notwendig ist, um mehrzügige Aufgaben des opferlosen Genres zur Geltung zu bringen.

Wir gelangen damit zu denjenigen Aufgaben, welche fast durchgängig in einzelnen Wendungen ansprechen, aber der Idee nach nicht die Bedeutung, in der Ausführung nicht den Umfang einer Turnieraufgabe besitzen. So 5 (Kappelaro), bei welcher Aufgabe die Doppelwirkung des Einleitungszuges zur Verstellung eines Ausgangsfeldes und gleichzeitiger Sperrung der Läuferdiagonale als hübsches Moment hervorzuheben ist. Der Wert der ansprechenden, aber sehr leichten Aufgabe würde sich übrigens sehr erhöht haben, wenn es dem Verfasser gelungen wäre, die beiden ersten Züge umzustellen. Ebenso geringe Schwierigkeit setzt 15 (Gehlert) entgegen, deren Pointe in der Dirigierung des zweiten Springers über b5 nach a3 zu suchen ist. Einen eigentümlichen Gedanken verfolgt 54 (Mörtzsch); derselbe beruht — der umgekehrte Fall von 64 — auf der vollständigen Besetzung der c-Linie, und die Idee dieses „Säulenbaus" ist mit dem vierten Zuge vollendet — freilich ohne besondere Nebenabsichten. So hübsch namentlich die Besetzung von c1 erzielt ist, trägt das Ganze doch wohl mehr einen scherzhaften Charakter. Auch die Idee von 65 (Perna) eignet sich in der gegebenen Form kaum für eine Turnierbewerbung: sie ist zudem nicht originell, da sie Bayer schon vor 30 Jahren in möglichst bester Form in einem preisgekrönten Problem des Bristoler

Turniers[1] behandelt hat. In vorliegendem Fall bewirkt der viermalige Damenmarsch von f8—f1—f8 lediglich den Eindruck der Monotonie. Nr. 59 (Adama) enthält einen ähnlichen Gedanken wie 71, ohne in den einzelnen Zügen deren Feinheit, im ganzen deren Gefälligkeit zu erreichen. Wir schließen endlich die Abteilung der Fünfzüger mit der einfachen Zugzwangaufgabe 60 (Klaver), sowie den geringwertigeren Nummern 29 (R. Meyer) und 69 (Dorr), welch letztere in ihrem mehr endspielartigen Charakter zugleich als Repräsentantin der ganzen Sendung dienen möge.

B. Vierzüger.

Wenn die Zügezahl der geforderten Probleme naturgemäß wesentlich auf die Zahl der konkurrierenden Autoren einwirkt, so muß die Beteiligung in der Abteilung der Vierzüger eine überraschend zahlreiche genannt werden, da sie mit den eingesandten Dreizügern nicht nur gleichen Schritt gehalten, sondern deren Zahl nach Ausscheidung des Inkorrekten sogar überstiegen hat. Ein doppelt erfreuliches Zeichen für den heutigen Stand der Problemkunst, wie für die Strebsamkeit ihrer gegenwärtigen Vertreter erscheint es uns aber, daß wir gleichzeitig den durchschnittlichen Grad der Qualität bei den Vierzügern als einen besonders hohen bezeichnen dürfen. Mit dieser Behauptung steht der Umstand scheinbar in Widerspruch, daß wir gerade in dieser Abteilung die Auszeichnungen auf sechs beschränkten; auf den einfachen Grund kommen wir an der geeigneten Stelle zurück. Die Fülle gediegenster Kompositionen, welche uns hier zur Beurteilung vorlagen, gewährte uns bei ihrem Studium um so höhere Genüsse, als dieselben gegenüber den Fünfzügern mit minderem Aufwande an Zeit und Mühe erkaufbar waren. Anderseits freilich machte die große Zahl so ausgezeichneter Leistungen auch für unsere Entscheidung ausgedehntere und schwierigere Debatten für und wider erforderlich; denn außer den sechs endgültig von uns bevorzugten besaßen nicht weniger als die neun folgenden Nummern mit nur geringen Wertunterschieden die Qualität, in Preisfrage gezogen zu werden. Nur den ersten und zweiten Preis hatten wir ohne wesentliche Schwierigkeit untergebracht, während um jede weitere Stelle manch briefliche Fehde auszufechten war.

---

[1] Stellung. Weiß: Kh5. Tb3. Lh3, h8. Sc8, f1. Bc4, d5, e3, f2.
Schwarz: Kf5. Tg4. Lf8. Sh6, h1. Ba4, b4, c5, e4, h2.
Mat in 4 Zügen durch 1. La1 a3, 2. Lh8 a2, 3. La1 etc.

Daß der erste Preis der Sendung 52 (Berger) gebühre, darüber waren wir fast schon einig, bevor wir die noch folgenden Bewerbungen gesehen; denn es war kaum anzunehmen, daß dieses Werk übertroffen würde, und ebenso einig waren wir beim vollen Überblick des ganzen Turnieres, in diesem Vierzüger überhaupt das vollendetste Problem des gesamten Konkurses vor uns zu haben. Wohl bei keinem andern Stücke geht die Schönheit und Originalität der Idee mit einer von Zug zu Zug wahrhaft mustergiltigen Darstellung so innig Hand in Hand. Ist schon der erste Zug mit der stillen Läufereinstellung glücklich erdacht und gewiß der schönste, der in dieser Stellung denkbar, so bietet der zweite mit der Preisgabe des Turmes und dem Freigeben so großen Terrains geradezu das Ideal eines Problemzuges, während die ganz neue[1] Schlußwendung mit dreifach reinem Frontmat zu einem jener Schlagwörter für die Problemwelt geworden ist, deren bewußte oder unbewußte Einwirkung auf die Komponisten sich durch die seither häufige Wiederkehr des Frontmats in allen möglichen Tonarten erweist. Unser Urteil über 52 kann wohl nur vereinzelten Einwendungen begegnen. Wenn z. B. von einer Seite geäußert wurde, es fehle dem Probleme eine der wichtigsten Qualifikationen für ein Preisproblem, die Schwierigkeit, so müssen wir entgegnen, daß nur ein mit abnormer Findigkeit begabter Löser eine so eminent feine Kombination „auf den ersten Blick" zu durchschauen vermag. Und wenn von derselben Seite die interessante Variante 1. .... Tb7[2] als „wertlos" bezeichnet wird, so ist diesem Kritiker leider der Umstand entgangen, wie charakteristisch das hier stattfindende Festhalten des Zugzwanges, welchen der erste Zug schon überraschend eingeleitet hat, für die feine Tempoanlage des Problemes ist. Aber abgesehen davon und, wiewohl wir stets der Ansicht gewesen, daß ein Problem durch Varianten, soweit natürlich gute, interessante Spiele darunter zu verstehen sind, nur gewinne, müssen wir betonen, daß gegen so hervorragende Züge, wie sie hier das Ideenspiel bilden, alle Varianten bedeutungslos werden: man

---

[1] Ein Dreizüger mit ähnlicher Schlußwendung erschien zwar 1882 kurz vor dem Ausschreiben des Turniers in Haus und Welt. Da derselbe inzwischen kaum weiter bekannt geworden, so notieren wir hier die betreffende Stellung. Weiß: Kc2. Dg8. Tc5. Sc4, g7. Schwarz: Kb4. La1. Se4. Ba6, a5, a2, c6. Mat in 3 Zügen von G. Chocholouš. Lösung: 1. Sc2 K: c5, 2. Sd3†, und es erfolgt u. a. ein hier mit Springern erzieltes dreifaches Frontmat. Die obige Bezeichnung dürfte trotz dieses Vergleiches vollkommen berechtigt sein.

[2] Daß diese Variante gleichzeitig auch von beträchtlicher Schwierigkeit ist, geht aus dem Umstand hervor, daß dieselbe gelegentlich des Nürnberger Kongresses, auf dem das Problem bekanntlich als Lösungsaufgabe vorgelegt war, von den beteiligten Lösern zwar bemerkt, von keinem aber richtig erledigt wurde!

entbehrt sie nicht, weil das Hauptspiel für sich eine so außerordentliche Befriedigung hinterläßt. Wo freilich der Untergrund selbst fadenscheinig ist, da wäre ein verhüllender Aufputz nicht zu entbehren, und bei dem empfindlich werdenden Mangel neuer, hervorragender Ideen, welche für sich ein Problem auszufüllen vermögen, wird es daher mehr und mehr Signatur der Problemkomposition, diesen Mangel durch die Kombinierung möglichst zahlreicher und glänzender Einzelwendungen zu ersetzen. Treffend hat sich ein ausgezeichneter Kritiker über das Bergersche Problem geäußert: „es erinnere an die Siebenmeilenstiefel Kletts“, und in der That steht für uns diese Perle der Problemlitteratur den berühmtesten Meisterwerken der Klettschen Muse (siehe Nr. 41, 49 u. 76 seines Werkes) als nahezu ebenbürtig zur Seite. —

Nicht weniger vollendet in der Behandlung und Durchführung seiner Idee, vielleicht noch blendender in der äußern Erscheinung ist der zweite der preisgekrönten Vierzüger — Sendung 31 (Schrüfer) — zu nennen. Hier wie dort besteht die Lösung aus durchgehends feinen und glänzenden Zügen und sind diese Eigenschaften mit besonderem Nachdruck auf den zweiten Zug gelegt; hier wie dort verleihen prächtige Schlußwendungen dem Ganzen einen ästhetisch hochbefriedigenden Abschluß. Auch in 31 bedingt die vorzügliche Anlage einen ungewöhnlichen Wert: der erste Zug droht lediglich zwei stille dreizügige Fortsetzungen, welche in ihrem schönsten Verlauf als Hauptspiel und Sekondvariante erzwungen werden und in ideegemäßem Zusammenhange mit einander stehen. Interessant, und zugleich neben zahlreichen Verführungsspielen als erschwerendes Moment für die Lösung anzuführen, ist die eigentümliche Kraft der Turmzüge, welche je eine der Drohungen aufheben und von welchen namentlich der nach b8 seine versteckte Bedeutung erst beim letzten Zuge enthüllt. Womit wir aber den Vorzug von 52 vor 31 begründen, diese Frage würde sich einfach schon durch den Eindruck beantworten, welchen der Löser von den beiden Problemen empfängt: und ist das nicht der Eindruck der Bewunderung einer großartigeren Idee, so ist es doch derjenige der Überraschung über deren klassische, so genial einfache Durchführung, welche zu Gunsten von 52 spricht. Speziell aber dürfen wir uns auf die beiderseitige Originalität berufen, welche in 52 eine unbedingte ist, während der Grundgedanke von 31 uns wohl schon auch anderwärts begegnet ist[1]: hier allerdings ist er mit der denkbarsten

[1] Vgl. z. B. den Vierzüger von J. Salminger aus dem Problemturnier der Wiener Sport. zeitung 1882 (Weiß: Kg1. Da6. Lb7, c5. Sb5, h6. Bc3, d3, f2, h2. Schwarz: Ke5. Tg8. Lb2, g4. Sa1, f8. Bc7, c4, d7, e6, f7, g6, h1). Lösung 1. S: c7 La3!, 2. Sd5 L: c5, 3. Dd6† etc.

Eleganz ausgeführt und mit eigenartigen Reizen ausgestattet. Bedeutend kann übrigens bei einem in beiden Kompositionen so hohen Grade der Vorzüglichkeit der festzustellende Wertunterschied überhaupt nicht sein.

Viel schwerer fiel es uns, wie schon erwähnt, über die Reihenfolge der nächsten vier Preisträger uns zu einigen. Auf der einen Seite (73 und 11) war tiefe Anlage und sehr bedeutende Schwierigkeit, auf der andern Originalität und überraschende Eleganz der Schlußwendungen (20) der ausgezeichneten Materialausnützung und Vielseitigkeit der Varianten von 58 gegenüberzustellen. Nach eingehender Debatte gelangten wir dazu, 58 und 73 die Stichprobe um den dritten und vierten Preis bestehen zu lassen. Legten wir uns da die Fragen vor, welche der Ideen nicht bloß die bedeutendere, sondern auch die originellere sei, und in welchem der beiden Probleme die Idee sich kunstvollerer Konstruktion erfreue, so konnten wir nicht zweifeln, dieselben zu Gunsten der Sdg. 73 (Schulder) beantworten zu müssen. Bei diesem Problem konzentriert sich fast der ganze Inhalt auf ein einziges Spiel, welches Drohung und Idee in sich vereinigt, ein Inhalt, der wohl einfach, gewiß aber nicht dürftig zu nennen ist, und welcher in solcher Einfachheit kaum begreifen läßt, wie ein so ungewöhnlich hoher Grad von Schwierigkeit damit verbunden werden konnte. Die Schlußwendung ist nicht neu; aber sie darf auch kaum als wesentlicher Teil der Idee aufgefaßt werden; der ganze Schwerpunkt des Problemes liegt vielmehr im ersten Zuge und seiner scheinbaren Bedeutungslosigkeit in Verbindung mit einer versteckten, weitreichenden und geräuschlosen Drohung. Was soll die Dame auf a1? Aus dieser verbauten Ecke scheint ihr keine Wirksamkeit gestattet zu sein, welche sie nicht von jedem andern Felde aus in erhöhtem Grade üben könnte, und auch dem glücklichsten Löser wird es kaum gelingen, vor Erschöpfung aller möglichen Eventualitäten, von denen viele so sehr verlockend erscheinen, der Tiefe der schönen Idee auf den Grund zu kommen. Die Bewältigung einer so kühnen Kombination konnte nur zähester Ausdauer gelingen, und wenn irgend ein Problem, so legt dieses psychologische Schlüsse auf den Verfasser nahe, namentlich den Schluß auf kaltblütige, vor keinem Hindernis zurückscheuende Willensstärke; aber trotz des eisernen, vielleicht jahrelangen Fleißes, der aus jedem Detail spricht, ist das ganze Werk, gleich seinen beiden Vorgängern, kein mühsames Fabrikat, sondern ein durchaus abgerundetes Kunstwerk,

---

Wie der geneigte Leser sieht, fällt hier zugleich dem Läufer eine ähnliche Rolle zu, wie im Schrüferschen Probleme dem Turm b6.

welches uns lebhaft den früher häufig beliebten Ausdruck: „wie aus einem Guß" in Erinnerung bringt. Gleichzeitig dient uns nicht weniger, als 31 dieses Problem, in dem wir der Anlage nach den großartigsten aller Vierzüger erblicken, als schlagender Beweis gegen eine irrige, ab und zu sich äußernde Auffassung, daß es den Wert eines Problemes schmälere, wenn die beste Spielweise gleichzeitig die Drohung bilde. Die Vertreter dieser Ansicht sagen, die Lösung verliere hierbei einen Hauptreiz, da man mit der Drohung schon die besten Züge gesehen habe, eine weitere Überraschung also nicht mehr geboten werde, und Schwarz sei zu passiven Zügen verurteilt, anstatt durch die Abwehr der Drohung die schönste Variante als Ideenspiel auszuzeichnen.[1] Der Irrtum dessen liegt auf der Hand, vorausgesetzt, daß eine überhaupt der Bearbeitung lohnende Idee in Frage kommt. Je schwächer und weitreichender die Drohung, desto feiner die Anlage, desto größer die Schwierigkeit. Und trifft dies nicht in denkbar höchstem Grade zu, wenn die feinste, versteckteste Variante — das Ideenspiel — die alleinige Drohung bildet? Auch mit der Passivität der Gegenzüge ist es meist nicht gefährlich; wir verweisen im vorliegenden Beispiel nur auf die feinen und sehr beachtenswerten Beziehungen der Züge 1. . . . . h5: g4 und 1. . . . . Se7 zu dem versteckten Angriff, Züge, welche für eine reiz- und bedeutungsvolle Gestaltung des Ideenspieles nichts zu wünschen übrig lassen. Zu dieser kurzen Abschweifung veranlaßte uns der Umstand, daß der Hauptwert von 73 auf dem eben besprochenen Prinzip beruht und daß sich derselbe wesentlich vermindern würde, sobald der erste Zug noch eine weitere Drohung mit sich brächte.

Wie 73 in mustergültiger Weise Idee und Drohung vereinigt, so ist dem vierten unserer Preisträger Sendung 58 (Hubert) in ausgezeichneter Weise die Variantenbildung aus der Abwehr der Drohung geglückt. Es ist dies das einzige unserer 20 preisgekrönten Probleme, bei dessen Beurteilung wir uns nicht überwiegend von dem originalen Wert des Hauptthemas leiten ließen; denn es ist zuzugeben, daß dieses Thema von 58 wenigstens im Vergleich mit seinen nächsten Rivalen 11 und 20 ein vielbehandeltes ist. Mit Rücksicht hierauf erscheint es uns nötig, detaillierter,

[1] Konsequenter Weise müßte man von diesem Standpunkt aus die ganze Spezies der Zugzwang-Aufgaben als eine noch minderwertigere bezeichnen, da ja in diesen sich Schwarz überhaupt keinem direkten Angriff gegenüber zur Wehre zu stellen hat, sondern gerade durch seine Gegenzüge dem Verderben sich preisgeben muß. Ganz analog wäre die widersinnige Behauptung, die Anlage eines solchen Problemes sei zu bemängeln, da der Schwarze nicht einmal „passive" Züge zur Verfügung habe und durch seine Züge die Lage nicht nur nicht verbessern könne, sondern sogar verschlechtern müsse.

als es im allgemeinen der Zweck dieser Ausführungen sein kann, auf die Konstruktion dieser Probleme einzugehen, welche bei der Beurteilung ihres Wertes hauptsächlich zu beachten ist. Da ist bei 58 in erster Linie hervorzuheben, daß das gesamte, nicht übermäßige Material allein schon durch das doppelwendige Hauptspiel absorbiert wird, so daß für die Einleitung lediglich die Bauern a5 und a7, für die Korrektheit nur die Stücke a3, c1, d2, h5, alle übrigen aber für die Matpositionen erforderlich sind; und dennoch eine seltene Fülle interessanter und schwieriger Varianten. Die Einleitung, welche trotz des Zurückziehens einer angegriffenen Figur nicht eben leicht zu finden ist, sich aber schon durch das Variantenspiel rechtfertigt, droht zunächst eine zweizügige Matführung, gegen welche dem Schwarzen fünf gute Entgegnungen zur Verfügung stehen, während die übrigen Varianten auf einer weiteren dreizügigen und stillen Drohung (2. Dd4) beruhen. Bemerkenswert ist hierbei, daß diese letztere Spielweise auf 1. .... Lb2! nicht genügt. Von hohem Werte ist es endlich, daß auch der zweite Zug des Hauptspieles nur eine zweizügige Fortsetzung (3. f4†) droht und beide Damenopfer somit erst durch die entsprechenden Gegenzüge ermöglicht werden. Nach diesen möglichst kurzen Andeutungen dürfen wir, wenn wir vorhin den Grundgedanken einen schon mehrfach behandelten nannten, nunmehr hinzufügen, daß die vorliegende Bearbeitung als technisch vollendet zu bezeichnen ist und daß hier, ganz abgesehen von dem präzisen Aufbau des Hauptspieles, mit seinen tadellosen, überraschend einfachen Schlußpositionen, schon die erschöpfende Materialverwendung zu der zuerkannten Auszeichnung berechtigen würde.

In dieser Beziehung stehen die beiden folgenden Vierzüger, welchen wir eine ehrende Erwähnung zusprachen, etwas zurück. In Sendung 11 (Dubbe) bezieht sich diese Aussetzung namentlich auf den Springer c1, dessen Rolle für den ganzen Lösungsverlauf eine unbedeutende bleibt, wie überhaupt die Ausnützung der Mittel nur in der einen Hauptwendung eine vollständige ist. Beide Momente begründen sich durch die schwere Durchführbarkeit der Idee und die für die Korrektheit erforderlichen starken Verteidigungsmittel. Die beiden ersten Züge sind von großer Schönheit (der zweite dazu sehr fein); die Kombinationen, welche durch sie herbeigeführt werden, kompliziert und interessant; zudem ist die Wiederkehr des Ideenspiels in etwas veränderter Gestalt (nach 1. .... Se3) von hoher Bedeutung, das korrespondierende Variantenpaar (1. .... Lb8 und 1. .... Sg3:) von schöner Wirkung. Und dennoch ist etwas in der Drohungsanlage, was uns nicht ganz behagt. Gegen die Stärke der zweizügigen Drohung 2. Lh7╪, welche das gesamte Variantennetz beherrscht und zudem deshalb etwas auffällig ist, da sie ohne den hindernden Bh7 schon in der Anfangsposition vorhanden wäre, verliert der überaus feine Nebenzweck, die Platzräumung für den Springer zur Drohung der Hauptspiel-Kombination, sehr an Bedeutung; und auch der Umstand, daß das Hauptspiel auch durch untergeordnetere Züge des Schwarzen (z. B. 1. .... Lb6) erzwungen wird, bliebe nach unserer Ansicht lieber vermieden. Einiges der Varianten müßte dann allerdings entfallen, desto mehr aber der Wert und die Schönheit der Lösungszüge im Einzelnen und im Zusammenhang gewinnen. Wir erinnern da nur an Sendung 31, die eine fast ähnliche Idee unter Ausschluß einer weiteren Drohung, als der beiden Hauptspiele, behandelte. Und trotzdem dieselben dort den einzigen Inhalt des Problemes ausmachen, während hier eine ähnliche Verbindung zweier Hauptspiele in Begleitung dreier guter Varianten erscheint, werden auch die Leser nicht im Zweifel sein, welcher dieser Vorzüge hier als ausschlaggebend zu erachten ist. Andrerseits aber ist es wohl unnötig, hinzuzufügen, daß das an Sendung 11 Ausgesetzte nur relativer Natur sein, nur für die Feststellung diffiziler Wertunterschiede ins Gewicht fallen kann.

Ebenso wie bei Sendung 20 (Chocholouš). Die vorhin antizipierte Bemängelung der Materialverwendung bezieht sich in diesem Problem selbstverständlich nur auf die schwarzen Figuren, welche, obwohl fast vollzählig auf dem Plane, lediglich als Wächter für die Korrektheit dienen und nur in einem Falle direkt in die Aktion bezw. das Matnetz eingreifen. Auch das Vorhandensein dreier Springer im Hauptspiele wäre kein empfehlender Umstand, wenn der Zug 1. .... f1S, der zunächst nur die beiden Drohungen nach dem ersten Zug von Weiß aufheben zu sollen, sonst in gar keiner Beziehung zum Hauptspiel zu stehen scheint, nicht gleichzeitig die Abschneidung des Turmes b1 von der Deckung des Punktes g4 als besonders hübsche Bedeutung hätte. Bedenklicher sind jedoch die Einwendungen gegen den Einleitungszug, nicht sowohl wegen seiner starken Doppeldrohung, als wegen der Abschneidung des wichtigsten, fast einzigen Ausgangsfeldes d4; denn das Einstehenbleiben des Turmes kommt nicht sehr in Betracht, da bei seiner Wegnahme auch ohne einen ersten Zug von Weiß das Mat erfolgte (Lf4†, De4†, Lg5╪). Um so überraschender der weitere Verlauf mit seinem brillanten Turmopfer und der stillen Vorbereitung der sehr eleganten, aus der Grundposition kaum vermutbaren und sämtlich reinen Matwendungen. Eine sehr originelle und ebenso feine wie versteckte Kombination, deren

Bedeutung es keinen Eintrag thut, daß hier, wie im allgemeinen nicht empfehlenswert, der schachbietende Zug dem stillen vorausgeht.

Wir haben betont, daß wir sowohl 11, als 20 im Laufe unserer Beratungen wiederholt für höhere Auszeichnungen ins Auge gefaßt hatten, und es ergiebt sich hieraus von selbst, daß wir beiden noch ein bestimmtes Übergewicht den nun folgenden gegenüber einräumten. Um so mehr glaubten wir die Zuerkennung einer ehrenden Erwähnung etwas mehr ins Gewicht fallen lassen zu sollen, indem wir sie auf 11 und 20 beschränkten. Zudem erschien es uns nicht für angängig, irgend eines der fünf folgenden Probleme den übrigen vorzuziehen. Dagegen haben wir uns diese Enthaltsamkeit nicht leichten Herzens bei dem Gedanken auferlegt, daß wir über eine Fülle von ausgezeichneten Leistungen, wie noch nie ein Turnier sie bot, zu richten hatten: Leistungen, welche, wenn auch hier erst in siebenter Linie stehend, in fast jedem Turnier einen Preis erhalten würden, und dennoch hier ohne einen solchen, ja ohne ehrendes Diplom abziehen müßten, nur weil viele treffliche Probleme vorlagen.[1]

Wiewohl wir die Schwierigkeit nicht scheuen würden, auch für 35, 36, 38, 43 und 54 eine bestimmte Reihenfolge nach ihrem Range zu motivieren, betrachten wir eine solche als zwecklos und überlassen es dem Publikum hier, wie bei den folgenden Gruppen, sich je nach Geschmack seine Lieblinge auszuwählen. Der Vierzüger 35 (Noack) steht dem Fünfzüger der gleichen Sendung an Schwierigkeit nach, an Qualität des gesamten Inhaltes jedoch keineswegs, denn dieser begründet weit

[1] Wir glauben, diesen Fall als einen, allerdings hier zum erstenmale in ausgeprägter Weise auftretenden Mißstand in der Prämiierungsart bezeichnen zu dürfen, und es liegt uns hier für künftige Ausschreibungen, welche eine große Beteiligung erwarten lassen, die Anregung nahe, derartigen Fällen vorzubeugen. Zwar waren wir in der erfreulichen Lage, Dank dem Erträgnis des § 7, die Zahl der ausgeschriebenen Preise verdoppeln und so einige Milderung eintreten lassen zu können, aber es hindert die Leiter eines künftigen Turniers nichts, die zu verwendende Summe sich zur völlig freien Verfügung zu behalten, und wenn viele gute Sachen einlaufen, eben viele und lieber kleinere Preise auszuteilen, als ein paar große, und dafür Bewerbungen, die nur um Haarbreite nachstehen, ganz durchfallen zu lassen. Am gerechtesten wenigstens dünkt es uns, den bereits in der Einleitung gebrauchten und wohl absolut richtigen Vergleich der Problemturniere mit den Kunstausstellungen gerade für die Prämiierung festzuhalten. In jeder Ausstellung sucht man jeder verdienstvollen Leistung die gebührende Auszeichnung zukommen zu lassen. Warum hier nicht? Auf die haarscharfen Wertunterschiede würden wir wenigstens einem solchen System zu Liebe, leichten Herzens verzichten; die Abgrenzung in Wertrangklassen wäre nicht nur leichter zu bewirken, sondern sie würde auch in den meisten Fällen ein allgemeineres Einverständnis erzielen. Um ein konkretes Beispiel anzuführen, könnten wir uns die Vierzüger sehr gut in drei solche Klassen abgeteilt denken, und 52, 31 und 73 in die erste, 58, 11, 20 in die zweite und 7—9 folgende Stücke in die dritte Klasse der Preisfähigkeit versetzen.

mehr hier, als dort die Zügezahl des Problemes. Gegenüber den preisgekrönten Vierzügern muß die Idee an Bedeutung zurückstehen, selbst wenn wir zugeben, daß dieselbe durch die Darstellung vollständig erschöpft, daß die Ausführung überhaupt von der sympathischen Aufstellung an bis zu den einfach gefälligen Parallelmats eine durchaus tadellose ist. Wie in dem Fünfzüger dieser Sendung die symmetrische Beherrschung des Raumes in vorzüglicher Weise zur Geltung kam, so hat der Verfasser hier gleichzeitig die analoge Verwendbarkeit des Materials — Springer und Läufer[1] — zum Gegenstand einer interessanten Studie gemacht und diese Idee mit großer Klarheit und Präzision ausgeführt. Sehr bemerkenswert ist es, daß das wechselseitige Eingreifen der bezüglichen Figuren nicht nur in den Haupt-, sondern auch in den sekundären Wendungen (3. Sd7† und 3. Lg7:) erfolgt. — Sendung 36 (Geijersstam) besitzt nach Bedeutung und Originalität der Idee am meisten mit 20 Vergleichungspunkte. Aber was wir schon dort am Einleitungszuge auszusetzen hatten, bezieht sich in noch höherem Grade auf 36. Der erste Zug ist zu offenbar der stärkste, zu offenbar der einzige stille Zug, der gegen das Schlagen des Springers und zugleich gegen den gewaltigen Zug 1. .... f1D ausreicht, als daß wir diesen Umstand durch die unleugbare Eleganz des Hauptspieles mit dem originellen, zweifachen Bauernmat ganz entschuldigt finden könnten. Gewiß ist auch das ideegemäße Stützen des c- und d-Bauern durch den Turm — vorzugsweise für den Wert der Variante 1. .... c7: d6 — sehr beachtenswert; eine wesentliche Bedeutung aber würden diese Züge erst gewinnen, wenn jene Turmwirkung entweder durch den Einleitungszug, oder doch durch einen Gegenzug des Schwarzen erst ermöglicht würde. Wir erinnern auch in dieser Beziehung an die unübertreffliche Feinheit des Klettschen Problemes Nr. 49. — Sehr überlegen durch eine vorzügliche Einleitung, namentlich die Versteckheit einer ebenso eleganten, als weitreichenden Drohung wäre an sich Sendung 38 (Engerth), sie tritt aber ebenso sehr hinsichtlich der Originalität der Idee gegen 36 zurück; denn die Benützung der Abzugschachstellung von Läufer und Turm (oder umgekehrt) zu dem dargestellten Zwecke hat schon Klett als eine oft dagewesene bezeichnet. Eine Beziehung auf den Vierzüger 73, in welchem wir die Schlußwendung ebenfalls eine nicht neue nannten, kann hierbei nicht stattfinden, da dieselbe, im Gegensatz zu 73, in 38 als wesentlicher Zweck des Problemes auftritt.

[1] H. Lehner bedient sich in der Österr. Lesehalle hier des zutreffenden Ausdrucks: wechselseitige Fixierung der Matapplikationspunkte (c5 und d6!).

Immerhin verdient die erwähnte feine Vorbereitung in Verbindung mit einer Anzahl sehr gefälliger und sauber ausgeführter Varianten hohe Anerkennung. — Sendung 43 (Dobruský) enthält vier Spiele, von welchen jedes einzelne fast als Basis dieses Problemes auftreten könnte, und wäre uns für die Wertbestimmung einer Aufgabe eine Anzahl glänzender Matführungen in erster Linie maßgebend, so würde 43 wohl vor 20, vielleicht auch 11 die Antwartschaft auf einen Preis besessen haben. In so hohem Grade dieser Umstand für die kunstvolle Ausnützung des Materiales — ein Charakteristikum des Autors — bezeichnend ist, so haben wir den Schwerpunkt der Beurteilung eben doch vor allem andern auf den Gehalt des Ideenspieles zu legen, und wenn wir dieses hier lediglich als die schönste Variante bezeichnen müssen, so ergiebt sich daraus von selbst die Überlegenheit der preisgekrönten Stücke. Für dies Ideenspiel ist es zudem von keinem günstigen Eindruck, daß seine äußere Gestaltung schon dreizügig aus der Anfangsposition durchschimmert. Auch würde der die nötige Verlängerung herbeiführende Zwischenzug 2. De3 nach dem (übrigens leicht zu übersehenden) Zuge 1. .... Sg6 nur dann von wünschenswerter Feinheit sein, wenn er nur eine Drohung enthielte, deren Deckung etwa durch Dh7 jener Springerzug zu verstellen hätte. Ein derartiger Zweck würde wenigstens nicht nur den zum Hauptspiel mehr künstlich als ideegemäß führenden Gegenzug, als auch die Bedeutung der sich völlig passiv verhaltenden, mächtigsten Figur der Schwarzen mehr hervortreten lassen. Dagegen ist im Vergleich zu den übrigen Rivalen dieser Gruppe die Großartigkeit des Variantenspieles vollauf geeignet, den erwähnten Mangel eines schärfer hervortretenden Hauptspieles auszugleichen; und um so größere Bedeutung gewinnen die einzelnen Spiele, weil sie nicht schon als sekundäre Drohungen des ersten Zuges auftreten, sondern erst durch entsprechende Gegenzüge ermöglicht werden. — Von geringerem Umfange ist Sendung 54 (Mörtzsch); aber die Art, wie eine mehr ansprechende, als großartige Idee hier ausgeführt ist, muß dem Probleme aller Löser Befriedigung sichern. Das schwierige Hauptspiel setzt sich nur aus stillen Zügen zusammen, von welchen der zweite schon mit Rücksicht auf einige Verführungsspiele, gegen welche nur je eine bestimmte Parade ausreicht, sich als besonders versteckt erweist. Auch die Abzweigungen vom zweiten Zuge sind gehaltvoll und interessant, und selbst in der einzigen vierzügigen Variante hat sich der Verfasser nicht entgehen lassen, ganz en passant eine bemerkenswerte Feinheit anzubringen, welche sich auf die gegenseitige Turm-Läufer-Verstellung bezieht. Die Varianten 2. .... Lg5 (ein zugleich recht schwieriges Spiel!)

und 1. . . . . Tg5 korrespondieren dadurch auf pikante Weise. Nach dem zwar originellen, aber luftigen Fünfzüger hat uns dieses Problem in seiner hohen Gefälligkeit und Gediegenheit eine gewisse Überraschung geboten.

Von den nun folgenden Bewerbungen — wir denken uns zunächst vier zu einer Gruppe vereinigt — hat nur 63 noch eine vorübergehende Einbeziehung in die Preisfrage erfahren; wir stellen gleichwohl Sendung 37 (Dr. Kauders) voran, nicht sowohl aus persönlichen Geschmacksrücksichten (wir müßten da ausser 63 auch 33 noch etwas bevorzugen), sondern weil die glückliche Beherrschung einer so ausserordentlich komplizierten Maschinerie zweifellos die tiefere Anlage, den überlegenen Gedankeninhalt voraussetzt. Die sofortige Schlagfertigkeit des sehr starken Figurenmateriales auf schwarzer wie weißer Seite mußte sich für ein wahres Variantengewühl geltend machen, dessen Entwirrung dem Verfasser nicht leicht gefallen sein kann, und auch dem Löser Schwierigkeit genug bereiten wird. Auf Schönheit freilich konnten diese Varianten es alle nicht abgesehen haben; fast nur **eine** führt zu wirklich gefälligem Eindruck, während zwei der hauptsächlichsten (1. . . . . Ld8 und 1. . . . . Te5, letzteres vom Verfasser mit 2 Df3! intendiert) wegen Umgehbarkeit entfallen. Im Hauptspiele selbst ist nach einer so starken Einleitung der zweite, mit möglichster Unscheinbarkeit die Schlußwendung vorbereitende Zug b3—b4 sehr fein erdacht und von besonderer Wirkung; leider, daß der Läufer c5 den Genuß dieser zweifellos sehr bedeutenden Hauptwendung empfindlich stört. Schon wegen dieser Schattenseite mußten wir 37 etwas zurücktreten lassen. — Von ganz entgegengesetzter Beschaffenheit ist Sendung 63 (Meyer) und trotzdem der schwarze König fast ganz verlassen den feindlichen Angriffen ausgesetzt ist, bietet die Lösung doch eine ungewöhnliche Schwierigkeit, die kaum von einem andern Vierzüger übertroffen wird, und zwar gilt dies gleichmäßig für Hauptspiel und Varianten. Im Allgemeinen lässt sich zwar behaupten, daß dieses Genre für Turnierprobleme kein sehr dankbares ist; der hohe Werth, welchen wir aber der vorliegenden Aufgabe zuerkennen, begründet sich eben durch die reiche Würzung des Ganzen mit allerlei Feinheiten, vom Hauptspiele an mit seinen versteckten Springerzügen und seiner überraschend eleganten Schlußwendung bis zu der künstlich, aber sehr glücklich hinzukomponierten Variante 1. . . . . c5. — In Sendung 33 (Ehrenstein) ist es fast lediglich auf grossen Variantenreichtum abgesehen und dieser Zweck ist dem Verfasser auch auf das Beste gelungen, freilich auf Kosten eines den strengeren Turnieransprüchen genügenden Hauptspieles. Denn dieses arbeitet bei aller Gefälligkeit allzuwenig mit stillen oder doch bedeutenden Zügen, und auch die Originalität der Matstellungen bezieht sich lediglich auf die Ausnützung einer an sich sehr bekannten Konstellation[1] zu einer zweifachen Doppelwendung. Mit Rücksicht auf die Reichhaltigkeit der Varianten ist die Ausnützung des Materials eine vollständige; die technische Anlage eine kaum hinter 43 zurückstehende, wiewohl wir der geringeren Variantenanzahl jener Nummer wegen ihrer grösseren Bedeutung den Vorzug einräumen. Obschon uns der in beiden Problemen dargestellte Zweck kein idealer sein kann, so verdient es doch stets Anerkennung, wenn es dem Verfasser gelingt, den ins Auge gefassten Gegenstand so erschöpfend zu behandeln und mit so mannigfachen Reizen auszustatten. — Eine ganz ähnliche Idee, wie wir sie in 58 sahen, behandelt Sendung 41 (Nadebaum), nur mit der Modifikation, daß in 58 die beiden Opferspiele als Bestandteile eines Hauptspieles auftraten, während sie hier selbständige Parallelspiele bilden. Wir können es den Lesern überlassen, jene zusammenziehende, oder diese breitere Kompositionsweise zu bevorzugen. Was wir aber beim Vergleich mit 58 zu Ungunsten von 41 anzuführen haben, bezieht sich hauptsächlich auf den mangelhaften Einleitungszug, unter welchem die ganze Anlage leidet, denn dieser Zug nimmt dem König nicht nur beide Ausgangsfelder, von welchen wenigstens das eine sehr wichtig war, sondern er führt beide Hauptspiele und beide Nebenvarianten gleichzeitig als Drohungen ein. Diese Schwäche setzt sich noch mehr in den zweiten Zügen der Hauptspiele fort, für welche es geradezu nachteilig wird, daß die Opferwendungen nur durch die Aufhebung der anderweitigen Drohung zu erzwungenen werden. Die Matstellungen sind übrigens alle von tadelloser Beschaffenheit; wenn man will, im Hinblick auf die Mitwirkung des Königs, sogar noch befriedigender als in 58. Aber bei 58 sahen wir nicht nur die genannten Konstruktionsschwächen vermieden, auch für eine annähernd umfangreiche Verwendung des Materials für weitere Zwecke läßt 41 keinen Vergleich zu. Die neun eben besprochenen Probleme bilden einen glänzenden, farbenreichen Hintergrund für die Sieger, und wir glauben nicht, daß irgend ein Turnier sich des Resultates zu schämen hätte, wenn es darauf angewiesen wäre, unter ihnen seine Preise zu verteilen. Aber auch im folgenden begegnen wir noch vielen tüchtigen Leistungen, wenn sie auch die wünschenswerte Höhe einer Preisaufgabe nicht mehr erreichen,

[1] Vergl. z. B. einen Dreizüger von L. Noack (No. 4629 der Deutschen Schachzeitung):
Stellung: Weiss: Kb8. Dg7. Lc4, d2. Sd6, f4.
Schwarz: Kd4. Lf3, h4. Sc5, f6.
Mat in 3 Zügen durch 1. Db7 S:b7 2. Se6† etc.

sei es in der Bedeutung der zu Grunde gelegten Idee, oder in Folge einzelner Schwächen der Ausführung. Nach unsern bisherigen Besprechungen werden wohl für Jedermann die Gesichtspunkte klargelegt sein, nach welchen sich auch die Beurteilung der weiteren Probleme zu richten hatte; und wir hielten es schon deshalb für genügend, im ferneren uns auf ganz kurze Andeutungen zu beschränken, wenn nicht schon die große Zahl der Probleme und damit räumliche Gründe dazu nötigten.

Zur nächsten Gruppe zählen wir die Nummern 3—71. Sendung 3 (Koblitz), von ungewöhnlicher Façon in seiner Lösungserscheinung, zeichnet sich durch sehr bedeutende Schwierigkeit aus, mit welcher die äußerliche Schönheit nicht ganz Schritt hält; namentlich leidet die Schlußstellung des feinen und sehr versteckten Hauptspieles sehr unter dem unthätigen Läufer h3. — Auch in Sendung 19 (Liberali) ist Schwierigkeit der hervortretendste Faktor; sie ist hier teils durch die scheinbare Zwecklosigkeit des ersten Opfers, teils durch zahlreiche Verführungen bedingt. Eine Ablenkungsidee großartigen, aber doch auch massiven Stiles, schon mit Rücksicht auf die starken Drohungen. Der nur zur Erledigung einer Nebenvariante nötige Turm h3 bedingt eine wesentliche Schwäche des Problems. — Von einfacherer Idee ist Sendung 25 (Fiehn); doch bietet die gefällige Ausführung nach Hauptspiel und Varianten ziemlich alles, was daraus zu gestalten war. Höchstens läßt das erstere die Erzwingung des Damenmats f4 — etwa mit dem Stand des Läufers auf h6 statt g5 — vermissen und das vorausgehende Springeropfer mit Schach etwas matt erscheinen. — Sendung 34 (Jesperson) ist wiederum in dem derben Geschmack von 19 gehalten, welcher das Opfer möglichst vieler Figuren zum ersten Ziele macht. In der Aufstellung sind diese Opfer hier schon mehr angedeutet, dagegen ist das Schlußspiel gegen 19 ein viel bedeutenderes, die Materialverwendung gleichfalls eine befriedigendere. Von hübscher Nebenwirkung ist die abwechselnde Verstellung der Felder e4 (im Hauptspiel) und d5 (in der Variante 1. . . . . Td8) durch den Turm. Durchaus ansprechenden Inhalts ist Sendung 47 (Drtina) und ihre ganze Behandlung zeugt von bestem Geschmack. Der erste Zug droht nur eine dreizügige, dazu sehr hübsche Matführung, während eine recht versteckte Parade zu dem weniger hervorragenden, als eleganten Hauptspiele führt. Für die Schwierigkeit fällt schon das aus der Ferne Wirken der weißen Figuren ins Gewicht, während als nebensächliche, aber interessante Momente die Wiederkehr der einen Hauptwendung mit umgekehrten Schlußzügen in Variante 1. . . . . K:d6, sowie die Beziehung der weißen Königsstellung zu der Parade des Verführungszuges 1. Dg6 zu beachten sind. — Auch Sendung 55 (Obermann) ist sehr gut ausgearbeitet und es sei dem Verfasser als Verdienst angerechnet, das schwerfälligere Material, welches die Türme für die Problemkomposition im Verhältnis zu den leichten Figuren bieten, zu einem so hübsch pointierten Stückchen verarbeitet zu haben. Das Vorbild zu demselben glauben wir zwar in Klett's No. 41 resp. No. 102 zu erkennen, und der Vergleich ist jenem nicht gerade von Vorteil; aber es bleibt ein gutes Problem und auch das Gegenspiel von Schwarz ist sehr bedeutsam, namentlich in Bezug auf viele und starke Angriffszüge. — Eine etwas kühne Idee behandelt Sendung 71 (Gomolla) und die Stärke der einzelnen Drohungen, sowie der geringe Umfang des Ganzen mögen in deren Originalität einigen Ausgleich finden, zumal da trotzdem die Schwierigkeit der Lösung in genügendem Grade gewahrt bleibt. Sehr gut werden die Vorbereitungen für den entscheidenden Königszug bereits durch den ersten Zug (Verstellung des Läuferschaches) eingeleitet.

Wir betrachten diese Aufgabe als den Übergang zu der folgenden Gruppe, welche die Sendungen 15—76 und unmerklich nachstehend 51 bis 67, sowie 4 und 5 umfaßt, und in ihrer Mehrzahl nicht unter der Durchschnittsqualität dessen steht, was die Tageslitteratur zu bieten pflegt. Die Idee von Sendung 15 (Gehlert) bietet wohl kaum so viel Neues, um die Matunreinheiten, welche der Bauer d4 in allen Matstellungen der beiden Hauptspiele bedingt, genügend zu entschuldigen, und sicher wäre dieser gerade bei derartigen Ideen empfindliche Mangel vermeidbar gewesen. Sonst aber bietet die Lösung manche interessante Wendung und besonders die Wiederkehr des Hauptspieles auf 1. .... Lc4 ist anzuerkennen. — Mit Sendung 17 (Pajkr) präsentiert sich eine variantenlose aber sehr anmutige Kleinigkeit, deren besonderer Vorzug in der Zudeckung des Turmes e4 besteht. Schade, daß jeder Zug eine Matdrohung für den folgenden enthält. — Mit dem Einleitungszug der Sendung 24 (Graf Kinsky) können wir uns nicht einverstanden erklären; wir weisen da auf unsere Bemerkungen zum Fünfzüger 39 zurück und fügen nur hinzu, daß der wesentlichste Inhalt des Problemes in dem besteht, was nach der Annahme des Turmopfers durch den König erfolgt. Die einzelnen Wendungen sind zahlreich, lassen aber eine scharf hervortretende Pointe vermissen; die Schwierigkeit begründet sich sowohl in vielfach gebotener Verführung, als in dem Ungewohnten eines schachbietenden Anfangszuges. Sendung 30 (Dr. Mansch) ist zwar allereinfachsten Genres, sei aber doch bei so sauberer Ausführung und den hübschen Einleitungszügen zu Liebe an diese Stelle verwiesen. — Originell und ansprechend ist Sendung 28

(Blümel). Die vier Königswendungen, bisher so häufig in Zweizügern verarbeitet, dürften sich hier zum erstenmale eines vierzügigen Gewandes erfreuen, und es ist dem Verfasser gelungen, demselben auch vielen Farbenwechsel zu verleihen. Sehr hübsch ist hüben und drüben das Bauernmat und auch das Turmmat (c3) ist glücklich ausgesonnen. — Mit Sendung 40 (Lamouroux) gelangen wir wiederum zum serieuseren Problemstil. Bedeutend in der Idee, gehaltvoll auch in den Nebenspielen und von beträchtlicher Schwierigkeit würde 40 seinen Platz zwischen 33 und 41 beanspruchen dürfen, wenn die Gleichgültigkeit des Verfassers gegen Ökonomie und Matreinheit wenigstens in der Hauptwendung eine minder störende wäre. Die Kombination hat freilich ein weiteres Feld vor sich, wenn man sich über jene erschwerenden Gesetze hinwegsetzt; denn der Verfasser vermag ungehindert wie hier mit Fesselung, Ablenkung, Verstellung und sonstigen Feinheiten zu hantieren: ein Roß ist schön auch in seiner wilden ungebändigten Kraft, aber seine Bewegungen veredeln sich, wenn es sich der zügelnden Hand des Reiters fügen muß. — Über Sendung 70 (Dr. Fano) breitet sich dem Motto gemäß in der That eine Art beschaulicher Ruhe aus; die Lösung vollführt sich in der allergeräuschlosesten Weise, was ja stets schon einen grossen Vorzug begründet; aber die stillen Züge scheinen uns hier viel zu sehr die wehrlose Stellung der Schwarzen zur Vorbereitung der Schlußwendungen auszunützen, um den Genuß einer wirklich packenden Pointe aufkommen zu lassen. Der zurückziehende erste Zug ist sehr schön, die ganze Lösung recht schwierig und eigentümlich dadurch, daß gerade die konsequente Opferablehnung zum bedeutendsten Spiele führt. Die Matstellungen können dagegen nur in einem Fall, noch dazu auf den ganz untergeordneten Zug 3. .... d4 bis d3 völlig befriedigen: aber fünf Offiziere für den einen erbaulichen Anblick! —

In der Ausführung steht Sendung 76 (Sahlberg) sehr zurück; immerhin enthält die Aufgabe eine recht interessante Idee, welche namentlich in dem Tempozug 2. Ka2 einen entsprechenden Ausdruck findet und die Mängel der Darstellung bedauern läßt. — Eine beträchtliche Anzahl vierzügiger Spiele bildet den Inhalt der Sendung 51 (Dr. Suchier); und doch vermögen sie weder im Einzelnen, noch in der Gesamtheit eine greifbare Idee erkennen zu lassen. Eine Hauptwendung (1. .... Kf5) ist überdies doppelt (2. Sd6 +) zu erledigen; sie würde auch nach der Intention des Verfassers den Werth der Aufgabe nur wenig erhöhen. — Die Sendungen 57 (Euchler), 59 (Adama), 62 (Horany) und 67 (Dahl) dürfen wir woh zusammenfassen; denn sie erledigen sämtlich gefällige, kleinere Ideen in durchaus befriedigender Weise. 67 ist wohl das schwierigste Stückchen davon, 57 dagegen reichhaltiger. 59 ist gar zu leicht, aber allerliebst; schon der erste Zug enthält durch die Aufhebung einer eventuellen Patmöglichkeit eine kleine Pointe, und auch der weitere Verlauf mit dem wechselseitigen Auf- und Zudecken des Schachs zu launig, um sich nicht Gleichberechtigung zu sichern. In 62 bringt die lobenswerte Einfachheit in der Durchführung der Idee den Mangel eines versteckteren Einleitungszuges mit sich. — Sendung 66 (Steinschneider) gewinnt in Anbetracht seines blinden Verfassers erhöhtes Interesse, und wir zollen demselben für seine Beteiligung besonders freundliche Anerkennung. Die Lösung selbst führt zu einem hübschen, in der Schlußstellung leider durch den unthätigen Springer beeinträchtigten Hauptspiel nebst zwei Varianten als nicht unwesentlicher Zugabe. Die Schwierigkeit ist mäßig, da die schachbedrohte Königsstellung von Weiss den ersten Zug als notwendig andeutet. — Sendung 4 (Spier) ist auf Zugzwang angelegt; ein mäßig originelles Hauptspiel mit zwei sauberen Matstellungen, sowie mehrere beachtenswerthe Nebenspiele. — In Sendung 5 (Kappelaro) haben wir den Bauer b3 nachträglich aus der „Österr. Lesehalle" adoptirt. Derselbe verhütet die Umgehung der einen Doppelwendung, durch welche der Hauptreiz der Aufgabe bei ihrer großen Einfachheit vernichtet würde.

Wir werfen noch einen flüchtigen Blick auf die übrigen acht Aufgaben, welche den Beschluß dieser Abteilung bilden. Sendung 72 (Stein) verdient den Vortritt, doch bietet das zweifache Damenopfer zu wenig Neues; auch wäre vor allem der schlimme Läufer h3 zu beseitigen; bezüglich Sendung 65 (Perna) können wir auf unsere Bemerkung zu dem zugehörigen Fünfziger verweisen. — Sendung 21 (Randell) läßt entsprechend der symmetrischen Aufstellung die Lösung auf beiden Seiten zu. Da die Idee hierbei vollständig intakt erhalten bleibt, können wir dies nicht als eine eigentliche Inkorrektheit auffassen. — Sendung 60 (Norg) erfreut sich wenigstens eines guten Einleitungszuges; im Übrigen revanchirt sich Weiss für die „stille" Dameneinstellung im Verlauf durch mehr kräftiges, als schönes Figurenabholzen. — Von den letzten vier Aufgaben sind Sendung 32 (Wassiljew) und Sendung 44 (Dr. Parthey) trotz mehrerer Wendungen dürftigen Inhaltes, partiemäßige Matführungen ohne Pointe; auch Sendung 29 (Meyer) wird durch die beiden ersten notgedrungenen Züge des Problemcharakters nahezu entkleidet. Endlich sei noch Sendung 13 (Rüdiger) als nicht ungefälliges Endspiel angefügt.

C. Dreizüger.

Bei der Enthüllung der Autornamen bot uns diese letzte Abteilung wohl die meisten Überraschungen, waren doch hier jüngere Kräfte mit den Größen älteren und ältesten Datums in die erfolgreichste Konkurrenz getreten; für die Problemkunst gewiß nur ein erfreuliches Zeichen, da es die Gewähr eines talentvollen und vielversprechenden Nachwuchses zu bieten scheint. Unserer Entscheidung stellten die Dreizüger keine geringeren Schwierigkeiten entgegen, als wir sie bei den Vierzügern zu überwinden hatten; denn im Verhältnis zu diesen war die Konkurrenz der als preiswürdig erscheinenden Stücke numerisch kaum nachstehend, die Feststellung der einzelnen Rangunterschiede aber bei der Verschiedenartigkeit der in Betracht zu ziehenden Wertmomente eine wohl noch subtilere. Schon für die Zuerkennung des I. Preises machte sich dieser Umstand in bezeichnender Weise geltend. So zweifellos uns für die beiden ersten Preise von Anfang an die Sendungen 36 und 42 prädestiniert erschienen, so schwer fiel es uns, zwischen zwei in ihrer Art gleich vorzüglichen Vertretern eines grundverschiedenen Genres endgültig zu wählen. Sendung 36 (Geijersstam) erscheint in jenem vollen Turnierkostüm, welches ein großer Teil des Publikums als notwendige Eigenschaft eines Preisproblemes betrachtet; uns hätte der Glanz der Rüstung wohl nicht bestochen, hätte sie sich nicht gleichzeitig als hieb- und schußfest erwiesen. Schon der Anfangszug, der die Dame aus der unmittelbarsten Nähe des feindlichen Königs auf das Eckfeld zwischen Scylla und Charybdis entführt, fällt sehr ins Gewicht; denn er paradiert nicht bloß als einer jener überraschenden Anfangszüge, wie solchen zu Liebe nicht selten ganze Probleme ohne weitergehende Rücksichten konstruiert werden, sondern er hat auch in dem vierteiligen Hauptspiele einen der gewichtigen Einleitung durchaus entsprechenden Verlauf im Gefolge. Besonders fein ist sein Doppelzweck, die Ablenkung einer der beiden Türme von den Angriffspunkten des Springers, und die gleichzeitige Freilegung des Feldes f6 für die stillen Drohungen (Sd7 und Sg4); beide Ideenbestandteile haben wir im einzelnen wiederholt gesehen, diese Vereinigung aber ist entschieden originell. Die korrekte Darstellung einer so kühnen, und ein so kompliziertes Material absorbierenden Idee ist gewiß verdienstlich genug, um das Ungefällige namentlich der umzingelten Königsstellung übersehen zu lassen: überdies bleibt ja in keiner der vier Hauptwendungen das Geringste übrig, was ein verwöhntes Auge beleidigen könnte.

Auch die Schwierigkeit, wiewohl unter einer gewißen Absichtlichkeit der Stellung etwas leidend, ist hinreichend schon wegen des Vorhandenseins vieler eine bestimmte Parade erfordernder Verführungszüge; endlich konnten wir in der Schachdrohung des ersten Zuges kein Bedenken finden, da es auf der Hand liegt, daß die Bewältigung dieser Idee mit stillen Drohungen allein nicht gelingen kann. Überhaupt ist die Idee nicht gut anders ausgearbeitet denkbar und sie scheint auf alle Fälle die Ausarbeitung zu lohnen, in welchem Stile sie auch gelingen mag. Gerade hier bietet die Ausführung bei möglichster Eleganz alles, was aus der Idee gestaltet werden kann und will; diesem Eindruck konnten wir uns nicht verschließen, wenn wir auch die wenigen der Kritik möglichen Einwendungen in ernsteste Erwägung zogen. Und doch bedurfte 36 aller seiner Vorzüge, um dem anspruchsloser auftretenden Rivalen gegenüber den Vorrang zu behaupten. Denn auch in Sendung 42 (Aschehoug) vereinigten sich so viele künstlerischen Eigenschaften, um für einen I. Preis vollkommen auszureichen. Wir betonen das vorneweg, da wir von einer Seite zufällig dem summarischen Urteil begegneten, daß „42 überhaupt für einen II. Preis zu klein sei". Das Urteil jemandes, welcher den Wert eines Bildes nach der Centimeterzahl der bemalten Leinwand abmißt! Für uns wächst die „Größe" (d. i. die Bedeutung) eines Problemes mit dem künstlerischen Aufwand, welchen der Verfasser in der Behandlung seines Vorwurfes zu bethätigen vermocht hat, und die äußerlichen Dimensionen haben wir vollauf berücksichtigt, wenn wir ein so feinsinniges, stilvolles Stück erst an zweiter Stelle preiskrönten: mehrere Autoritäten haben sich sogar für den Vorrang von 42 vor allen preisgekrönten Dreizügern ausgesprochen! Hier besteht zwischen Material und Leistung ein durchaus harmonisches Gleichgewicht, welches kaum gestattet, eines der vielen, im einzelnen klar präzisierten Wertmomente als dominierend hervorzuheben. Bei gefälliger Aufstellung verbindet sich die ergiebige Ausnützung der geringen Mittel mit einer sehr bedeutenden Schwierigkeit, und die Feinheit der Tempoanlage wetteifert mit der Schönheit tadelloser Matpositionen, welche den Löser erfreuen und überraschen. Hier stört nichts den sympathischen Eindruck, welchen eine so glückliche Vereinigung aller Problemtugenden erzielt, und in der Beschränkung des Umfanges auf das, was das Problem bietet, hat der Verfasser nur weislich gehandelt; denn gerade die in der vorliegenden Form gewahrte Einfachheit der Stellung ist so recht geeignet, die Schönheiten des Ganzen zur Geltung zu bringen. Von den beiden Nebenspielen ist übrigens das eine an sich von hohem Wert, das andere aber interessant genug, da es selbst den Bauer f6 (welcher anscheinend nur die Nebenlösung 1. Df6+ verhütet, außerdem aber die Notwendigkeit, das Feld d6 abzuschneiden, minder plausibel macht) zur Aktivität gelangen läßt. Der erste Zug schneidet wohl ein freies Feld ab, aber der Spinger giebt zugleich eine viel wirksamere, schachdrohende Stellung auf, und überdies hat der Löser mit der Auffindung des ersten Zuges nur den geringsten Teil der Schwierigkeit im ganzen überwunden. — Ebenso schwer fiel uns die Bestimmung der ferneren Reihenfolge, und es genüge, daß sich unsere fünf folgenden Preiskandidaten mehrfachem Platzwechsel unterwerfen mußten, bevor wir mit dem definitiven Resultate uns einig sahen. Das verschiedenartige Genre, welchem die beiden ersten Preisträger angehören, findet in den folgenden je einen weiteren Vertreter. Für die dritte Stelle bevorzugten wir Sendung 58 (Hubert). Der Tempoanlage von Sendung 42 durchaus entsprechend scheint 58 in der ausgesuchten Geräuschlosigkeit des zweiten Zuges seine Pointe sogar noch schärfer zu markieren und bei gleich geringem Materiale, bei ebenso gefälliger Aufstellung eines reichhaltigeren Variantenspieles sich zu erfreuen. Aber dem gegenüber steht Sendung 58 an Schwierigkeit erheblich nach; gerade hier, wo es auf einen recht versteckten zweiten Zug abgesehen ist, so sehr, daß derselbe den Schwerpunkt des Ganzen bildet, ist dieser Umstand wohl zu berücksichtigen und umsomehr, als die Hinterstellung der Dame zum Zwecke nachfolgender Fesselung dem Löser eben keine neue Sache ist. Indessen fasse man diese Bemerkung nicht als einen Vorwurf gegen die Originalität der Aufgabe auf; jener Gedanke läßt sich ebensogut auf die mannigfaltigste Weise verwerten, als z. B. eine gewisse Matstellung das Resultat der verschiedenartigsten Kombinationen sein kann. In der That tritt er hier unter wesentlich neuen Gesichtspunkten auf, und insbesondere als Folge eines schon vorausgehenden Tempozuges haben wir die Idee noch nicht bearbeitet gesehen.[1] Jedenfalls wäre uns im Vergleich zu 42 das Ideenspiel bedeutend genug erschienen, um die Unterschiede in der Schwierigkeit als ausgeglichen zu betrachten; aber den Eindruck der dort so

---

[1] Man vergleiche z. B. die folgenden Aufgaben, welche der Idee von 58 wohl am nächsten kommen:

a. Weiß: Kh1. Dc5. Tg3. Sd4. Bg2, h3.
Schwarz: Kh4. Th6. Lf4. Bd5, e5, g6, h7, h5.
Mat in drei Zügen von H. v. Gottschall (Brentano's Chess Monthly-Turnier.)
Lösung: 1. Tg6, e5—e4!, 2. Db4 etc.

b. Weiß: Ka2. Db8. Sc6, e4.
Schwarz: Ka4. Tg7, h5. Ld4. Sb5, f3. Bc3. e5, g2.
Mat in drei Zügen von Healey (preisgekrönt im Turnier zu Manchester 1857).
Lösung: 1. Dc8. Ta7. 2. Dg4 etc.

anmutenden Lebensfrische konnten wir hier nicht erlangen, wie wir auch den Reiz tadelloser Matstellungen vermißten — freilich müssen wir in letzterer Beziehung hinzufügen, ein bei der Natur der Idee nicht wohl vermeidbarer Mangel. Diese nämliche und einzige Aussetzung gilt auch für die mit dem IV. Preis gekrönte Sendung 52 (Berger), welche wohl außerdem eine höhere Stelle beanspruchen dürfte. Die Vorzüge dieses mit Feinheiten reich gewürzten Problemes laufen mit denjenigen von Sendung 36 ziemlich parallel. Wie dort geht einem zweiteiligen, an Bedeutung nicht nachstehenden Hauptspiele ein überaus schöner Einleitungszug voran, wie dort involviert derselbe einen feinen Doppelzweck und zwar in mittelbarer Weise: die Herstellung der Drohung durch eine vorbereitete Feldabschneidung und die Freilegung der für die Matgebung erforderlichen Felder. Dennoch drücken beide Probleme einen sehr verschiedenen Charakter aus, und die Phantasie, welche es liebt, Begriffe in körperliche Formen auszumalen, könnte hier nicht unzutreffend dem waffenklirrenden Tritt des gravitätisch schreitenden Ritters die Behendigkeit eines zierlich sich bewegenden Troubadours entgegenstellen. Und auf das Parieren versteht sich der letztere so gut wie jener; wir erinnern, um auf den Boden der nüchternen Wirklichkeit zurückzukehren, nur an die geistreiche Widerlegung des Zuges 1. .... D:c2, durch Sc3, um nach 2. .... Sa5 mit Sd5 fortzufahren. Überhaupt ist das Problem so reich an Verführungen, daß es der Schwierigkeit keinen Eintrag thut, wenn die Verborgenheit der Drohung mit der Schönheit jenes vielbezweckenden Königsrückzuges nicht ganz Schritt zu halten vermag. Eine um so interessantere Seite besitzt dafür das Drohungsspiel durch seine Wiederkehr mit der Fesselung der feindlichen Dame — eine allerliebste Nebenpointe! Und dennoch hatte dieses geistreiche Problem nicht einmal den vierten Platz unangefochten behauptet. Fast noch mehr, als die reich ausgeführte Sendung 50 (Löbbecke) in Betracht kam. hatten wir lange zwischen der im Ideenspiele bedeutenderen Sendung 16 (Hintzpeter) und der allen Dreizügern an tiefer Verborgenheit überlegenen Sendung 73 (Schulder) für die vierte Stelle geschwankt. Sendung 50 ist allerdings eine Zugzwangaufgabe von ungewöhnlicher Fülle der Varianten, und die meisten derselben sind schön und schwierig genug, um die Komposition mit ihren Vorgängern konkurrenzfähig zu machen; dagegen würden wir lieber auf die beiden bezüglichen Varianten verzichtet haben, wenn dadurch der dem ganzen Eindruck zur Unzierde gereichende Bauer g7 hätte entbehrt werden können. Dieser Notbehelf begründet eine kleine Schwäche, welche im Verein mit dem Umstande, daß beide Hauptspiele etwas bekannte

Wendungen enthalten, uns bestimmte, die sonst so vorzügliche Arbeit nur durch eine Belobung anzuerkennen. Im Gegensatz hierzu bietet Sendung 16 in seiner Hauptwendung eine entschieden neue Idee, neu wenigstens in sofern, als erst im Verlaufe des Turniers ein Problem erschien, welches denselben Gedanken behandelte,[1] und der Vergleich der beiden Stellungen ist um so interessanter, als das letztere von altbewährter Meisterhand verfaßt ist. Desto rühmlicher für Sendung 16, wenn wir dieser Bearbeitung den Vorzug größerer Vollendung zusprechen dürfen; nicht nur scheint uns dieselbe auf Grund persönlicher Erfahrung schwieriger, sondern namentlich die größere Einfachheit und Natürlichkeit spricht zu ihren Gunsten, schon weil dadurch die Idee in ihrer klaren Pointe etwas nachdrücklicher hervortritt. Daß bei Berger neben dem Ideenspiel noch ein sehr feines Drohspiel vorhanden ist, während hier die Idee mit der Drohvariante vereinigt ist, vermag jene Vorzüge nicht ganz auszugleichen. Was uns allein maßgebend war, Sendung 16 in die Reihe der belobten Aufgaben zu versetzen, war die geringe Thätigkeit der schwarzen Figuren, welche sich vorwiegend auf die Zustopfung des Ausweges b7 beschränkt. In diesem Punkt sehen wir Sendung 16 von den übrigen Preisträgern übertroffen.

Mit Sendung 73 haben wir die Reihe der Auszeichnungen beschlossen. Weder konnten wir uns bei der tiefsinnigen Anlage dieses interessanten Problemes entschließen, es ohne Anerkennung ziehen zu lassen, noch waren wir dauernd in der Lage, bei der nüchternen Erscheinung seines Inhaltes ihm eine höhere Stellung zuzuweisen. Bei einer sämtlichen Dreizügern weitaus überlegenen Schwierigkeit ist es dem Verfasser, hier wie in seinem Vierzüger, gelungen, einer verblüffend einfachen Idee durch die Vorzüge der Durchführung ungewöhnliche Bedeutung zu verleihen. Die hohe Schwierigkeit beruht in der sorgfältigen Ausarbeitung einer versteckten Drohung und in der Feinheit ihrer Parade; die Pointe und die eigentliche Schönheit des Problemes ist in der originell und kühn gedachten Ablenkung des Läufers (von b3) zu suchen. Die Idee wäre fast steril zu nennen, wenn die konsequente und mustergültige Stilistik ihrer Darstellung nicht zur Bewunderung zwänge. Mögen auch die übrigen preisgekrönten, und mehrere der folgenden Stücke, bei dem größeren Teil des problemliebenden Publikums mehr Befriedigung hervor-

[1] Ein Dreizüger von J. Berger (Berl. Sonntagsblatt 1882):
Weiß: Kb8. Dd8. Tf4. Lg8. Sc8. Ba2, b2, b6, e3, e4.
Schwarz: Kc5. Te6, h7. Lg1. Sb3, g7. Bb7, b5, b4, c6, g3, h6.
Lösung: 1. Tf7 T:e4 2. Dd5† etc.

rufen, so können wir doch den Wunsch nicht unterdrücken, recht häufig derartigen Proben gründlicher Strebsamkeit zu begegnen, welche ihren Wert schon durch ihr seltenes Erscheinen beweisen.

Von den folgenden fünf Nummern, welche als preisgekrönt jedem Turniere Ehre machen würden, haben wir besonders die Sendungen 20, 35 und 53 in Preisfrage gezogen. Sendung 20 (Chocholouš) in vorderster Linie; denn die vollendete Behandlung des Variantenspieles, welche die Autoren der sogenannten „böhmischen Schule" charakterisiert, sichert auch diesem liebenswürdigen Stückchen einen hohen Wert. In vorliegendem Falle freilich konzentriert sich derselbe mehr auf die Kombinierung einer Anzahl anmutiger Wendungen, als daß eine dominierende Idee zu greifbarem Ausdruck gelangte. Bei der ungekünstelten Natürlichkeit, mit welcher die sämtlichen matreinen Schlußbilder erzielt sind, bei der gefälligen Anfangsposition und einem vortrefflichen Einleitungszug fordert Sendung 20 besonders zum Wertvergleiche mit 42 heraus, und es muß zugegeben werden, daß der Eindruck auf das Schönheitsgefühl der Löser in beiden der gleiche ist. Aber wenn von einer angesehenen Seite aus auf Grund dessen die Gleichwertigkeit beider behauptet wurde, so müssen wir dem entschieden widersprechen. Der dortigen Feinheit der Tempoanlage vermag 20 bei weitem nicht eine ebenbürtige Versteckheit der Drohung gegenüberzustellen, und der erhebliche Unterschied der beiderseitigen Schwierigkeit beweist vor allem die Verschiedenheit des inneren Wertes. — Sehr interessant und originell ist die Idee, welche Sendung 35 (Noack) veranschaulicht. Der Verfasser hat sich damit erfolgreich auf den von den genialen Amerikanern Loyd und Shinkman kultivierten Boden begeben, nicht bloß nach der Wahl der Idee, sondern namentlich im Hinblick auf die möglichste Einfachheit der für ihre Ausführung erforderlichen Mittel. Ähnliche Ideen sind in zahlreichen Beispielen der genannten beiden Meister vorhanden, hier begründet sich die Originalität in dem Abfang der beiden feindlichen Türme. Dieser kühne Gedanke erscheint hier zum erstenmale und in möglichster Vollständigkeit dargestellt; nur drei Turmzüge (a8, a7 und d1) lassen auch eine andere als die ideegemäße Erledigung zu. Weniger dieser Umstand kann der Qualität des Problemes Abbruch thun, als der minimale Grad der vorhandenen Schwierigkeit; denn die ganze Stellung deutet gebieterisch auf die Notwendigkeit der Turmdeckung hin und läßt kaum einen anderen Einleitungszug, als den intendirten, denkbar erscheinen. Dieser Mangel mußte auch dann sehr in's Gewicht fallen, wenn seine Verhütung durch die Art der Idee ausgeschlossen sein sollte. — Die nächsten drei Vertreter dieser Gruppe bewegen sich im Gebiete des elegantesten Opferstiles: wir räumen der Sendung 53 (Mieses) den unbedingten Vortritt ein. Mehr noch, als auf die sehr gefällige und zierliche Verschiedenheit der drei Damenopferspiele, legen wir das Schwergewicht dieser Aufgabe auf den feinen Zugzwang, welcher nach dem ersten Zuge von Weiß eintritt, nicht nur gegen die Dame, sondern gleichzeitig auch gegen beide Läufer und den zugfähigen Bauer. Ein sehr sinniges Erzeugnis, welches der stilverwandten Sendung 50 nur an allgemeiner Schwierigkeit nachsteht; denn den größeren Umfang der letzteren an sich würden wir durch die Schönheit dieser drei Hauptspiele in Verbindung mit dem angeführten Vorzuge als ausgeglichen betrachtet haben. — Noch glänzender in seiner äußeren Erscheinung präsentiert sich Sendung 43 (Dobruský); aber diese Verbindung zweier Doppelwendungen, welche sich um die Berechtigung als Hauptspiel streiten, gelang dem Verfasser nur mit Beiseitesetzung desjenigen Faktors, welcher von dem eigentlichen Begriffe eines Schachproblemes nun einmal unzertrennlich ist, der Schwierigkeit. Dieser Mangel ist hier ebenso nachweisbar, als bei 35. Wie dort kommt der Löser kaum in Verlegenheit über die Wahl des Einleitungszuges, auch wenn die Hauptidee, das Abzugmat des Turmes nach beiden Seiten, nicht sofort ersichtlich wäre.[1] Diese Idee ist keine neue mehr, sie gewinnt aber erneutes Interesse durch ihre nicht minder elegante und zu ihrem großen Vorzug aus dem gleichen Holz kunstvoll geschnitzte Doppelbegleitung. Welcher Kontrast beispielsweise zwischen dieser Aufgabe und der Sendung 73! Hier die größtmögliche externe Eleganz, dort die ganze Feinheit versteckter Kombination; beiden wäre eine gewisse gegenseitige Ergänzung ihrer Vorzüge zu wünschen: unter den obwaltenden Umständen aber waren wir nicht im Zweifel, zu Gunsten welcher Seite die Wagschale sinken müsse. — In Sendung 61 (Kondelik) verbindet sich die Schönheit der beiden Hauptspiele mit dem Interesse, welches die verschiedenen Springerkomplikationen bieten. Dieselben begründen auch im Verein mit mehreren Verführungen einen Schwierigkeitsgrad, welcher bei dem naheliegenden ersten Zuge kaum zu erwarten wäre und zu welchem schon die doppelseitige Drohung mittelst dritten Springers viel beiträgt. Dieses Drohungsspiel gewinnt durch seine Wiederkehr in zwei Varianten einen bedeutenden

[1] Wir haben nach der maßgebenden Anordnung des Herrn Verfassers in der Lösung die Opferspiele mit Springermat vorangestellt. Gleichwohl unterliegt es keinem Zweifel, daß die Abzugsmatwendungen den Mittel- und Ausgangspunkt des Problemes bilden, worauf u. A. schon die Thätigkeit des weißen Läufers unbedingt hinweist.

Einfluß auf den Werth des Ganzen, nur sollte seine Wirkung in einer Variante, in welcher der für die Drohung überflüssige Turm beseitigt würde, noch nachdrücklicher betont sein. Auf alle Fälle aber bleibt es eine sehr bedeutende Leistung, diese zwei gleichwertigen Hauptwendungen, welche sich durch den originellen doppelten Platzwechsel der Springer gegenseitig vortrefflich ergänzen, als Paraden einer für sich schon gehaltvollen Drohung abzuleiten. —

Diesen fünf gewichtigen Vorgängern stehen aus der nächstbedeutenden Gruppe der folgenden neun Nummern einige nur unmerklich nach. Wir stellen hier die zierliche Komposition Sendung 33 (Ehrenstein) obenan, welche mehrere hübsche Vergleichungspunkte mit 50 bietet. Nicht nur das Hauptspiel, sondern auch zwei weitere Spiele laufen in beiden parallel und erscheinen bei 33 sogar etwas feiner accentuiert, freilich hier auch den Hauptinhalt repräsentierend. Der gleiche interessante Gegensatz zwischen Tempo- und Drohungsanlage, der bei 42 und 20 zu Gunsten der ersteren zu betonen war, macht sich eben auch hier geltend und wiederholt sich bei Sendung 47 (Drtina) im Vergleich mit 53. In diesen beiden Stücken gleicht sich die äußere Schönheit der Hauptspiele völlig aus; die symmetrische doppelte Springermatgebung in 47 wiegt bei gleich schöner Ökonomie der Mittel wohl ebenso schwer, als dort der in der Abwechselung der Matwendungen liegende Reiz. In beiden liegt der Anfangszug nahe, und wenn dieser auch bei 47 zur Herstellung einer guten und unauffälligen Drohung dient, so macht sich für 53 doch seine überaus feine Pression auf die Platzveränderung der feindlichen Figuren (namentlich des Läufers d6) in überlegener Weise geltend. Als gleichbedeutend mit 47 betrachten wir Sendung 38 (Engerth); zwar ist die Zugzwangposition hier eine etwas durchsichtige, doch liegt in der doppelten Aufdeckung des Damenopfers ein eigenartiger Reiz, welcher durch die Schönheit der Schlußstellungen entsprechend unterstützt wird. In nächster Linie steht Sendung 31 (Schrüfer), welche sich durch die präzise und wohl abgerundete Darstellung der sehr gefälligen Idee besonders vorteilhaft auszeichnet; von bemerkenswerter Feinheit ist zudem der hübsche Zusammenhang zwischen der Ideevariante und der Schachdrohung, während ein drittes ideegemäßes Motiv in dem ungehinderten Vorgehen des c-Bauer durch die Variante 1 . . . Kc6 geboten ist. Ebenso klar ist der Grundgedanke in Sendung 68 (May) dargestellt, und ähnlichen Ideen gegenüber verdient bei dem Passieren der gefahrvollen Klippe durch den König die Einfachheit der Stellung und der Mittel entschiedene Anerkennung. Würdig schließen sich die weiteren vier Nummern dieser Gruppe an und es ließe sich nur schwer der Vorzug der einen vor der andern begründen; ihr Wert liegt weniger in einem hervorragenden Ideenspiel, als in der durchweg vorzüglichen Behandlung der Varianten. Am schwierigsten ist wohl Sendung 11 (Dubbe) und wiewohl das Hauptspiel selbst im Wesentlichen nur auf der Ablenkung des Springers g3 beruht, so wird der Wert des Ganzen doch sehr durch die stillen Fortsetzungen gehoben, mit welchen der Verfasser außer dem Hauptspiele noch zwei Varianten ausgestattet hat; namentlich aber ist das Spiel nach 1 . . . d5 ein ebenso interessanter, als bedeutender Beleg für die treffliche Konstruktion des Problemes. In Sendung 25 (Fiehn) trägt die freie Königsstellung, die Einfachheit der Position überhaupt dazu bei, um mit dem Damenopfer des Hauptspieles den Löser zu überraschen. Auch die Varianten bieten viel Interesse, speziell das Drohspiel mit der Wiederkehr der eleganten Hauptwendung und die stille Abschneidung nach Kf3. — Bei noch größerer Einfachheit der Mittel bietet Sendung 26 (Wetešnik) einen nicht minder gefälligen und umfangreichen Inhalt; doch ist immerhin das vorzüglichste Spiel schon in der Anfangsstellung ersichtlich, denn nur das freie Ausgangsfeld b6 verhindert die Möglichkeit des sofortigen Damenopfers, ein Umstand, der gerade hier, wo Drohspiel und Ideenvariante vereinigt ist, nicht vorteilhaft wirken kann. — Zwar nicht in dem modernen glänzenden Stil gebaut, aber doch von durchaus solider Anlage erscheint Sendung 39 (Bayer); diesen Charakterzug deutet schon das äußere Geichgewicht der gegenseitigen Streitkräfte an, bei der Natürlichkeit der starkbesetzten Position ein wenigstens bemerkenswerter Nebenumstand. Der Gedankeninhalt beschränkt sich auch hier nicht auf das zwar ansprechende, aber einfache Hauptspiel, sondern überträgt sich großenteils auf die mit der Drohung zusammenhängende Variante 1 . . . Kf4, welche in dem vierfachen Damenmat zum Ausdruck ihrer Bedeutung gelangt. Auch an Verführungen fehlt es nicht und die interessanteste derselben bietet sich in 1. Dc5, denn erst bei näherem Studium der Stellung ergiebt sich die Notwendigkeit, auch die Felder d3 und f1 in das Applikationsgebiet der Dame einzubeziehen. — Wir können uns im Übrigen auf wenige, allgemeine Bemerkungen beschränken, welche den geneigten Lesern lediglich zur Übersicht über den Rest der Dreizüger dienen mögen. Es wäre uns nicht schwer geworden, auch die nachfolgende Kollektivgruppe von sechzehn Stücken nach ihrem Werte noch zwei oder dreimal abzuteilen, wir betrachten das indessen für unsere Zwecke als gegenstandslos, umsomehr, als die Wertunterschiede keine derartigen sind, daß irgend eine Nummer ihre Begleiter scheel anzusehen nötig hätte. Im sogenannten feinen

Problemstil bewegen sich vor allem Sendung 70 (Dr. Fano) und Sendung 72 (Stein), interessant durch eine gewisse Ähnlichkeit ihrer gleich gut behandelten Ideen; ferner Sendung 71 (Gomolla) und 56 (Graf Pongrácz), welche wir trotz der Verschiedenheit ihrer Ideen zusammenstellen, da beide in den Hauptwendungen an dem Makel rückständiger Offiziere leiden; indessen verbindet sich in ersterer eine hübsch markierte Idee mit ansprechenden Nebenspielen, während in letzterer besonders die Einheitlichkeit der Idee gegenüber der Verschiedenheit der zahlreichen Verteidigungen gefällig wirkt. Wir rechnen hierzu ferner Sendung 72 (Chancellor), freilich mehr schwierig als schön zu nennen, und Sendung 14 (Barsdorf), interessant durch die Damenopfer auf drei nebeneinander befindlichen Feldern, eine Idee, die gewiß nicht leicht war, darzustellen, dafür aber auch infolge der begleitenden Umstände nur in einem Falle die volle Befriedigung der Löser zu erzielen vermag. — Endlich ist hier noch Sendung 19 (Liberali) anzuführen, in welcher die Derbheit des Einleitungszuges reichlich durch die Feinheit der beiden hauptsächlichen Fortsetzungen aufgewogen wird; namentlich ist es interessant, daß die Dame von ihren beiden Angriffspunken nur immer den bedrohten einnehmen darf. Die beiden Sendungen 10 (Jensen) und 40 (Lamouroux) nehmen eine isolierte Stellung ein. Kann man auch auf der einen Seite der reichhaltigen Kombination, die teils in „glänzenden“ Wendungen, teils in der Variantenfülle allein zu Tage tritt, die Anerkennung nicht versagen, so brauchen wir den Lesern doch nicht wiederholt zu versichern, daß wir uns mit diesem, fast nur im Auslande gepflegten Stile, für welchen man den zutreffenden Ausdruck „schwülstig“ entlehnt hat, nicht befreunden können. — Die übrigen sieben Nummern behandeln durchweg einfache Ideen, teils auf schöne Endpositionen, teils auf besondere Originalität abzielend. In ersterer Beziehung wirkt besonders Sendung 5 (Kappelaro) durch die überraschend einfach und elegant hergestellte Symmetrie seiner Schlußstellungen, in letzterer sind die Sendungen 63 (Meyer) und 62 (Horany) Hauptvertreter. Der Idee von 62 sind wir schon im Fünfzüger der Sendung 40 begegnet, hier kehrt sie in liebenswürdiger Einfachheit und auf einer interessanten Zugzwangstellung basierend wieder. Sendung 63 erscheint uns mehr als eine witzige Kaprize, ähnlich den Fünfzügern der Sendungen 54 und 65; die Pointe ist, das Weiß der Patdrohung des Schwarzen durch Umwandlung des Bauern zum Springer vermittelst des gleichen Kunstgriffes zuvorkommt. Streng genommen hatte für uns dieser Witz nicht mehr den Reiz der Neuheit, insofern wir uns aus dem Berliner Turniere eines Dreizügers mit gleicher

Idee erinnerten, nur daß dieselbe dort von Springer auf Turm übertragen war.[1] — —

Von den sieben Aufgaben, welche den Beschluß dieser Abteilung bilden, zeigen Sendung 59 (Adama) und Sendung 60 (Klaver) sehr hübsche Ideen bei lebhaftem Verlauf, freilich mit erheblichen Verstößen gegen die Ökonomie, während in Sendung 22 (Hampton) und Sendung 32 (Wassiljew) die Idee durch die Mängel der Darstellung überwuchert und erstickt wird. Sendung 9 (Singer) ist freilich ein Stückchen ganz andrer Art, jedoch eine gar zu einfache Schlußwendungsidee; ebenso leidet endlich Sendung 44 (Parthey) trotz des Damenopfers an äußerst nüchterner Erscheinung.

Die Sendungspreise.

Der Tendenz unseres Programmes entsprechend, welches den Schwerpunkt auf die Konkurrenz der Einzelprobleme legte und Sendungspreise nur als sekundäre Auszeichnungen verhieß, können wir über diesen Teil des Turniers im Allgemeinen mit wenigen Worten hinweggehen, und schon deshalb dürfen wir uns diese Kürze gestatten, weil der Wert der in Betracht kommenden Sendungen bereits mit der Beurteilung ihrer einzelnen Bestandteile zu nahezu ziffernmäßigem Ausdruck gelangt ist. Für die eventuelle Prämiierung einer mehrteiligen Problembewerbung muß eine möglichst gleichmäßige Güte der einzelnen Stücke als oberste Norm aufgestellt werden. Die Dekoration einer Sendung überträgt sich eben auch auf jeden ihrer Teile, und es macht stets einen recht schlechten Eindruck, wenn irgend ein Produkt, das zufällig einmal dem Gesamtrahmen entnommen wird, in seiner Geringwertigkeit der stolzen Überschrift: „Aus preisgekrönter Sendung“ Hohn spricht. Selten wird Turnieren, welche nach dem Modus der Sendungsprämiierung verfahren, ein solcher Übelstand ganz ferne bleiben; aber gerade unser Turnier, in welchem demselben von vornherein vorgebeugt war, hätte eines jener seltenen Beispiele geliefert.

---

[1] Die Stellung ist folgende:

Weiß: Kh7. Tb8. Lc1. f1. Sa1, c6. Bb7, c7, d4, e3.

Schwarz: Kb6 Lb1. Ba2, b2, c2, c3.

Mat in 3 Zügen durch 1. c7—c8 T.

Ohne Zweifel ist diese Bearbeitung viel feiner und versteckter, als unsere Turnieraufgabe, welche dagegen nur den Vorzug besserer Position besitzt. Es bedarf übrigens nicht des Zusatzes, daß beide Darstellungen von einem und demselben Verfasser herrühren.

Zwar die Zahl unserer vollständig gebliebenen (sechzehn) Sendungen ist keine allzu große zu nennen, und auch von diesen waren fünf (Sendung 13, 29, 59, 60 und 69) als zu geringwertig auszuscheiden; aber von den übrigen elf hätten nur noch vier (Sendung 25, 40, 71 und 5) im Hinblick auf einzelne schwächere Bestandteile den wünschenswerten Grad der Preisfähigkeit nicht erlangt, so daß wir immerhin in der Lage gewesen wären, unter sieben vollwertigen, dem eben aufgestellten Grundsatz entsprechenden Bewerbungen die Preise zu verteilen. Gewiß ein sehr befriedigendes Ergebnis, welches uns in der That verlockend schien, den durch die Korrekturen eingegangenen Betrag nicht zu weiteren Einzelpreisen, sondern zu Sendungsprämien zu verwenden. Mit Rücksicht auf den Geist des Programmes haben wir dieser Verlockung widerstanden, dagegen es uns nicht versagen können, wenigstens noch die Sendungen 20 und 58 in ihrem Gesamtwerte durch die Zuerkennung einer Belobung besonders hervortreten zu lassen. Die Bevorzugung derselben vor den ebenfalls vortrefflichen Sendungen 35, 33 und 38, welch letztere wir zu unserm Bedauern ganz leer ausgehen lassen mußten, bedarf nach den besprochenen Einzelresultaten keiner weiteren Motivierung, so gerne wir namentlich noch die erstgenannte in den Kreis der Auserwählten gezogen hätten, wäre damit eine Grenze gefunden gewesen, welche den Unterschied zwischen „preisgekrönt“ und „nicht preisgekrönt“ schärfer bezeichnet haben würde. Hingegen erwies sich die Entscheidung über die beiden Ehrenpreise selbst als eine sehr schwierige Frage, so daß wir längere Zeit eine Gleichstellung der für dieselben in nahezu idealer Weise qualifizierten Sendungen 52 und 31 ernstlich in's Auge faßten. In früheren Jahren, als außer wenigen Andern die Namen Bayer, Healey, Loyd und Willmers die unbestrittenen Preisträger in allen Turnieren waren, gehörte ein solcher Fall schier zu den Unmöglichkeiten; heutzutage aber, wo denselben eine größere Zahl von ausgezeichneten Talenten den Rang streitig macht, ist dergleichen als keine seltene Erscheinung mehr zu betrachten. Mit der quantitativen Steigerung der „Konkurrenz des Vorzüglichen“ vermehren sich naturgemäß die Anforderungen an die Preisrichter, und daher kommt es auch, daß die sogenannte Prämiierung *„ex aequo“* neuerdings so beliebt geworden ist. In so hohem Grade uns derlei Entscheidungen unsympathisch sind, wären wir doch zu einer solchen in dem Falle gezwungen gewesen, wenn uns nur ein Sendungspreis zur Verfügung gestanden hätte; denn wir hätten es nicht gewagt, unter zwei sich so nahestehenden Leistungen, wie 52 und 31, derart zu unterscheiden, daß wir dem Publikum die eine in der strahlenden Beleuchtung des einzigen Ehrenpreises gezeigt, die andere aber jenem Dunkel der Preislosigkeit überantwortet hätten, welches viele Schachspieler, leider sogar viele Schachredakteure der Mühe der Durchdringung nicht für wert erachten. In diesem Falle wäre für uns die Debatte über diesen oder jenen kleinen Vorzug dieses oder jenes Problemes vollständig zu Ende gewesen, und was wir für unsere Entscheidung nachstehend anzuführen haben, hätte dann als zu kleinlich unberücksichtigt bleiben müssen. Nachdem wir aber für die zwei besten Sendungen auch zwei Preise zu vergeben hatten, durften wir unserer Antipathie gegen die *„ex aequo"*-Prämiierung unbedenklich nachgeben. Diese Lösung wäre freilich die bequemste gewesen, und in unserem Falle sprachen gewiß gewichtige Gründe dafür; aber ein Wertunterschied mußte doch wohl vorhanden sein, und um ihn zu finden, haben wir die Mühe nicht gescheut, das bereits für abgethan angesehene Detailstudium der Probleme zu erneuern, wie auch, um dies nachträglich zu erwähnen, die Voranstellung der Sendung 20 vor 58 das Ergebnis des gleichen Verfahrens bildet. Der Überlegenheit des Fünfzügers 31, welche uns das fortgesetzte vergleichende Studium ohnehin als immer geringfügiger erscheinen ließ, trat schon der umgekehrte Vorsprung des Vierzügers 52 ausgleichend gegenüber. Wir möchten es sogar kaum auf die Entscheidung der Frage ankommen lassen, ob nicht schon die gemeinsame Beurteilung der Vier- und Fünfzüger beider in diesen Stücken genialen Sendungen etwas zu Gunsten von 52 sprechen würde, und möchten die nachfolgende gelegentliche Äußerung eines Teiles als unseren gemeinschaftlichen Eindruck hinsichtlich dieses Punktes geltend machen: „Ich habe mir den Kopf zerbrochen, wer der Verfasser von 52 ist, nachdem es kaum wahrscheinlich ist, dass Klett sich unter den Konkurrenten befindet. Für eines der beiden Stücke hätte ich ja wohl meine Vermutungen: für beide aber ist die Muse zu wählerisch, und außer ihrem alten Liebling Klett hat sie bisher schwerlich Jemandem ihre Liebe so ausführlich zugewendet." Bei solcher Sachlage konnte die Beschaffenheit der Dreizüger auf unsern endgültigen Entschluß, die Palme des „Primus inter pares" an Sendung 52 zu verleihen, wesentlich einwirken; hier wenigstens drückte sich ein ausgesprochener Wertunterschied aus, insofern als in 52 der Dreizüger entschieden mehr auf der Höhe seiner Begleiter steht, als es in Sendung 31 der Fall ist. Aber selbst wenn wir nicht gewagt hätten, diesen Unterschied der Dreizüger bei dem Gewichte der schwerwiegendsten Sendungsbestandteile als ausschlaggebenden Faktor zu betrachten, so haben wir ein wenigstens uns überzeugendes Argument in Reserve behalten: ohne uns weitere Rechenschaft abzulegen über die Gründe, mit welchen das Urteil zu motivieren wäre, wären wir zu unserer Entscheidung gelangt, wenn wir uns die Frage beantworteten: „Welche Sendung möchten wir als Komponisten am liebsten selbst verfaßt haben?“ Wir glauben auch, daß wir damit späteren Preisrichtern in etwa gleich schwieriger Lage einen verhältnismäßig einfachen Weg gezeigt haben, um kleinlichen Untersuchungen zu entgehen, welche zudem gar leicht auf Irrwege führen können. —

Es war dies der letzte Punkt, über den wir uns zu einigen hatten, und wir haben ihm bei der hohen Bedeutung, unter welcher wir die Zuerkennung gerade dieser Preise aufgefaßt wissen möchten, auch eine denkbarst gründliche Beratung zugewendet. Die inzwischen verflossene Zeit hat unserer Zufriedenheit mit der Art der Erledigung der letzten Frage nichts zu rauben vermocht, und wir zweifeln auch nicht, hierin die Mehrzahl der Kenner auf unserer Seite zu haben. Schon deshalb glauben wir diese Erwartung hegen zu dürfen, weil es nicht nötig wurde, für zwei etwa divergierende Ansichten als letzte Instanz die dritte Stimme geltend zu machen: ein Fall, welcher zu unserer besonderen Befriedigung im Verlaufe des ganzen Turnieres trotz vieler mitunter schwierig zu entscheidender Fragen nicht eingetreten ist.

Schluß.

Nachdem wir somit auch dem Schlußsatze unseres Programmes Genüge geleistet, beschränkt sich das, was wir noch vorzubringen haben, auf einige Bemerkungen allgemeiner Natur. Wenn wir in den vorhergehenden Blättern häufig die Gelegenheit wahrnehmen konnten, die Trefflichkeit der vorliegenden Leistungen rühmend hervorzuheben, so wird diese Anerkennung fast noch bedeutsamer, je mehr Namen ausgezeichneten Klanges die sonst so reichhaltige und ansehnliche Beteiligungsliste vermissen läßt: wir erinnern nur an Klett, Healey, Loyd und den leider im Laufe des Turniers verstorbenen Plachutta! Namentlich ist uns das Ausland viele seiner besten Vertreter schuldig geblieben, die sonst nicht selten auf dem Turnierplatz erscheinen, und die wir auch bei uns gerne hätten konkurrieren sehen. So hat der Norden uns Namen wie Arnell, Nielsen und Sörensen vorenthalten, aus Frankreich erschien kein Pradignat, aus Italien kein Valle und England sandte keinen wenigstens seiner bekannteren Namen. Aber Amerika hielt sich wieder einmal gänzlich ferne, und hinsichtlich dieses Umstandes müssen wir uns hier eine kleine Nebenbemerkung gestatten. Wenn man erwägt, daß die Amerikaner den Haupterfolg ihrer Turniere der Beteiligung deutscher Komponisten danken, so brächte es eigentlich schon die gesellschaftliche Artigkeit mit sich, daß diese von den Deutschen ihren Turnieren erwiesene Aufmerksamkeit auch einen gelegentlichen Gegenbesuch der amerikanischen Komponisten in Deutschland erwarten ließe. Ein solcher ist bisher mit Konsequenz unterblieben und die deutschen Autoren könnten diese fortgesetzte Unhöflichkeit mit Recht als einen Wink betrachten, daß ihre Beteiligung in Amerika bei solcher Sachlage auf die Dauer unmöglich wird.

Trotzdem hat sich die Beschickung des Turnieres ungewöhnlich reich gestaltet, und die Beteiligung aus Deutschland selbst und aus Österreich enthielt nur wenige bedauerliche Lücken, wie Szabo, Gold, Sardotsch und andrerseits zwei der hervorragendsten Vertreter der neueren Generation, H. v. Gottschall und F. Hofmann. Aber wenn der eine oder andere Komponist nur durch einen gewissen Hang zur Bequemlichkeit sich von der Beteiligung hat abhalten lassen, dann können wir nicht umhin, ihm zwei unserer Konkurrenten als besonders rühmliche Vorbilder vor Augen zu stellen. Unter allen Namen haben wir selbst diese zwei mit ganz besonderer Freude gelesen, obgleich beide nicht — wie wir wohl gewünscht hätten — mit Preisen hervorgegangen sind: Konrad Bayer und Graf Arnold Pongracz. Doch sie beide, deren Namen in den Annalen des Problemwesens die populärsten zu nennen sind, haben es nicht nötig, ihren während so vieler Decennien erworbenen und wohl bewahrten Ruhm durch die neueren Turniere vermehrt zu sehen, und wir rechnen es darum diesen ältesten, kampfbewährten Pionieren der Problemkunst zu besonderem Verdienste an, daß sie auch diesmal wieder der jüngeren Garde mit so trefflichem Beispiele vorangegangen sind. Ein paar Worte aber, welche der „Einsiedler von Tirnau" gelegentlich der Einsendung seiner Turnierbewerbung schrieb, können wir uns nicht versagen, hier anzuführen: „Ich erlaube mir, da mein hohes Alter mir keine große Anstrengung gestattet, bloß eine kleine Aufgabe in drei Zügen einzusenden. Obwohl ich durchaus nicht der Einbildung lebe, daß mein Produkt unter vielen gewiß vortrefflichen Problemen irgend einen Preis erringen dürfte, so liegt mir doch daran, daß die Schachwelt sage: Seht, der alte Einsiedler hat auch noch mitgethan!" Und ein weiteres rühmenswertes Beispiel wahren

Schacheifers bietet die Beteiligung des seit Jahren erblindeten Komponisten A. Steinschneider, welcher sogar der Turnierbestimmung, die Aufgaben diagrammatisiert einzusenden, nachkam, wiewohl ihm dies, so bemerkte er, als total Erblindetem unsägliche Schwierigkeit bereitet habe. Die Nutzanwendung dieser Citate auszuführen, betrachten wir als überflüssig. Aber allen, welche durch ihre Bewerbung an dem Erfolge des Turnieres Anteil genommen haben, sei zum Schlusse im Namen des Deutschen Schachbundes ein freundliches Wort des Dankes gewidmet; den Herren, welche uns durch die Widmung von Problemen erfreut haben — Kompositionen, die durchweg auf der Höhe ihrer Turnierleistungen stehen und eine Zierde dieser Sammlung bilden — sprechen wir für ihre Aufmerksamkeit unseren besonderen Dank aus. Mögen die Sieger es als eine der schönsten Seiten ihres Erfolges betrachten, über eine solche Reihe von Leistungen hohen Ranges gesiegt zu haben, die minder glücklichen Konkurrenten in dem Bewußtsein eine Entschädigung finden, daß die Qualität ihrer Kompositionen ihnen für einen künftigen Wettstreit glücklichere Erfolge in Aussicht stellt. Den deutschen Turnieren aber wünschen wir auch für fernere Ausschreibungen eine gleich rege und gleich bedeutende Teilnahme, dann bleibt es um die edle Problemkunst gewiß gut bestellt!

Druck von Metzger & Wittig in Leipzig.

Zeitfracht Medien GmbH
Ferdinand-Jühlke-Straße 7
99095 Erfurt, Deutschland
produktsicherheit@kolibri360.de